AGE OF INVISIBLE MACHINES

A Practical Guide to Creating a Hyperautomated Ecosystem of Intelligent Digital Workers

超 AI 时 代

Robb Wilson & Josh Tyson

构建企业
智能平台新框架

[美] 罗伯·威尔逊/[美] 乔什·泰森 ————— 著
向璐/袁芳 ————————————— 译

U0189426

中国科学技术出版社
·北 京·

本书简体中文字版专有翻译出版权由 John Wiley & Sons, Inc. 公司授予中国科学技术出版社。
未经许可，不得以任何手段和形式复制或抄袭本书内容。
本书封底贴有 Wiley 防伪标签，无标签者不得销售。
版权所有，侵权必究。
北京市版权局著作权合同登记 图字：01-2023-5146

图书在版编目（CIP）数据

超 AI 时代 : 构建企业智能平台新框架 / (美) 罗伯
·威尔逊 (Robb Wilson), (美) 乔什·泰森
(Josh Tyson) 著 ; 向璐，袁芳译 . -- 北京 : 中国科学
技术出版社 , 2024. 10. -- ISBN 978-7-5236-1018-3
　Ⅰ . TP18
中国国家版本馆 CIP 数据核字第 2024AZ2496 号

策划编辑	杜凡如　于楚辰	责任编辑	童媛媛
封面设计	奇文云海·设计顾问	版式设计	蚂蚁设计
责任校对	张晓莉	责任印制	李晓霖

出　　版	中国科学技术出版社
发　　行	中国科学技术出版社有限公司
地　　址	北京市海淀区中关村南大街 16 号
邮　　编	100081
发行电话	010-62173865
传　　真	010-62173081
网　　址	http://www.cspbooks.com.cn

开　　本	710mm × 1000mm　1/16
字　　数	191 千字
印　　张	16
版　　次	2024 年 10 月第 1 版
印　　次	2024 年 10 月第 1 次印刷
印　　刷	大厂回族自治县彩虹印刷有限公司
书　　号	ISBN 978-7-5236-1018-3 / T·498
定　　价	78.00 元

（凡购买本社图书，如有缺页、倒页、脱页者，本社销售中心负责调换）

前 言 ✍

◎ 乔什·泰森（Josh Tyson）

来到超 AI 时代，深谙超自动化相关技术的我，对这些技术的组合协同方式却不甚了然。我对于超自动化的了解，大多来自 2012 年起任 UX 杂志（UX Magazine，《用户体验》杂志）总编辑一职的经历。这本杂志是体验设计界历史最悠久的出版物之一。因此，该杂志的掌门人罗伯·威尔逊（Robb Wilson）身上有一种神秘的光环。

罗伯是体验设计这一新兴领域的先锋代表。同事们每次谈及他的新颖观点和累累硕果时，无不充满敬慕钦佩之情。罗伯在早期曾写过一本关于有效界面设计的图书。他还曾受聘于苹果公司，参与 iPad 初始应用程序的开发。他甚至自己研制了一个名为 Cybil 的对话式人工智能机器，十多年来他一直致力于将其改造升级。还有传言称，他在影视方面也颇有成就，曾获奥斯卡奖提名。罗伯思维活跃，精力充沛。他的脑子里的新奇创意层出不穷。他同时还经营着多家初创跨国企业，在丹佛和基辅两地来回奔波。虽然我与罗伯相处不多，但他给我的印象相当深刻。

几年前，我有幸参与了一部以超自动化为主题的白皮书的完善工作，借此机会对罗伯高深的思想有了一定的了解。该书几经修订，便是如今呈现于你眼前的这本著作。除了罗伯在书中提到的超自动化的错综复杂和包罗万象，这本书最触动我的是罗伯针对书中讨论的问题提出的各种切实可行的解决方案。想象一下，如果一个机构采用一个开放式系统，将其所有的数据点（和数据存储）囊括其中，这个系统会有多么强大。通过这个平台，任何人均可以用非编码的方式对一系列颠覆性技术进行排序。也就是说，在整个机构中，每个人无须培训就能通过界面（即对话方式）在社会各个层面上实现超越人力的自动化。

"超自动化"（hyperautomation）是技术研究咨询企业高德纳公司（Gartner）提出的概念。这是一种不可避免的市场状态，也是一个复杂、棘手的状况。随着我对超自动化的探究日渐深入，我越是注意到它同自然界系统有着异曲同工之处。例如，我在徒步旅行时会留意到，一个生态健康的森林里有松软的苔藓、坚固的石块和高耸的树木。这种种元素是如何通过一个隐匿于地表之下、朝四面八方蔓延的网络达到完美的平衡，从而给人以彻底的沉浸式体验的呢？这源于一种被称为"菌丝体"的真菌网络，92%的植物科都与之相连。菌丝与植物互惠共生而形成"菌根"。植物为真菌提供糖分，而真菌则协助植物从土壤中获取养分和水分。菌根沿可绵延数英里[①]的网络攀缘伸展。这一切是那么微不可查，但却是造就万千气象的起点。

在这一点上，超自动化的实现与维护自然生态平衡的模式极为相似。精密的技术网络在隐秘处编排。用户不必费心研究其使用方法，便可将它强大的力量拿为己用。网络在机构组织内的每个部门与对应的资源组连接，以供部门内任何人在需要时调用资源。这与自然界的营养共享机制如出一辙。如果将用技术解决问题比作爬山，超自动化就是能让人们顺利到达山顶的秘诀所在。在超自动化的帮助下，人们无须再为糟糕的

---

① 1英里约等于1.6千米。——编者注

图形用户界面而忧心，不必在不同的应用之间来回切换，更不用因为忘记密码而一筹莫展。

超自动化数字生态系统的设计是一项异常繁杂的任务。人类对于技术的体验越是朝着简化的方向演变，为达成这一精简目标所需的过程就越是复杂，二者呈反比。实际上在体验设计领域，这种反比关系已经存在了数十年，其最终目的便是实现尽可能无障碍的顺畅互动。对话——无论是口头沟通，还是键盘输入——比起任何其他类型的界面都能更有效减少摩擦。技术越是直观、易用，就越有吸引力，但同时其创建过程也更为繁复。

新冠疫情势必引发一个趋势即人们（包括组织客户和组织员工）同机构组织的主要互动都将走向数字化。高德纳公司提出，在远程办公和分布式客户的时代，企业可以通过将多重体验、客户体验、员工体验和用户体验组合起来，成为所谓的"全面体验（TX）"，借此打造自身的竞争优势。使用对话式界面，可以最大限度地提升各种体验的效果，从而有力推动超自动化的实现。

对话式人工智能（AI）便是对话式界面演进的一个典型例证。当用户能直接与技术对话，各种设计缺陷将不复存在。不言而喻，表层之下的机制将更为错综复杂。我们需要探讨的是这种反向关联的正反两面，即超自动化的愿景能为我们带来些什么，以及要将这些可能变为现实所需的巨量编排任务。

现在，有一些公司已经着手于超自动化技术的应用、维护乃至升级，但罗伯在本书中描述的大部分内容目前尚处初级状态。我们撰写本书的过程中，会调查目标，将战线拉长、探索领域扩大。这就造成我们要涉猎的内容过多，理论知识与实践过程也有偏差。因此在我看来，本书更像是一份随时间推移不断更新的动态文档。摆在大家面前的这本书不仅是一部完整的作品，同时还是一个附带了日益丰富的信息、资源的工具库。

无论您在对话式人工智能方面有何种体验，毋庸置疑它已吹响号角，宣告一场即将颠覆人类同机器关系的变革已骤然来临，我们别无选择，必须迎头而上。本书旨在提供一些基本的观点及实用建议和策略。在预想的变革发生、周遭环境出现变化之时，希望这些知识能帮助大家无惧风浪，立于不败之地。在未来的角逐中，超自动化将是组织赢得先机的利器。

目 录 👆

3

4

引言 👆

对话式人工智能，我的"白鲸"。

——罗伯·威尔逊

《白鲸记》中的亚哈船长，一生中大部分清醒的时间都用来追逐一头强大而神秘的白鲸。而对我来说，对话式人工智能便是那个强大、神秘、难以捕捉的挑战——我的"白鲸"。数日、数月、数年，我一直在地平线上追寻这头坚不可摧的"巨兽"。林林总总的相关技术新颖而复杂，往往会让我偏离航线。但我仍坚持追寻它，在大陆的两端，在世界的每个角落，不言放弃。

这种追求，从我在体验设计领域进行早期实践时便开始了。我留意到人机交互中，人们感觉最为糟糕的体验往往是对话式的体验。语音自动呼叫中心的设计一塌糊涂，在线解决问题的聊天机器人低效无能……它们将用户信任消耗殆尽，让公司陷入困境。如何将用户和组织从看似永无终了的"人机交互困境"中解救出来，似乎正是体验设计所面临的"白鲸"。

在体验设计中，很容易理解为什么人们的主要关注点总是如何创建对用户具有吸引力、能带来愉悦体验的图形界面，这是因为在这种界面下，复杂的人机交互会更容易处理。一直以来，人与计算机都是通过屏幕互动。屏幕朝着高清化、小尺寸发展并开始支持触摸功能，带来了可提供更多赋能和愉悦体验的新机会。历年来，我也见过不少令人印象深刻的图形界面。但是，纯视觉界面所能容纳的复杂性，即便经过压缩，也是有上限的。

另外，在对话式界面的探索中，我意识到最自然的交流方式同时也是最简便的人与机器的交互方式。通过语音和文字来共享信息，是人们都可以不经特殊培训就能使用的方法。如果将用于支持人机对话的冗杂图形用户界面（GUI）变成简单的直接会话，用户就无须学习如何使用页面顶端的导航栏、了解各种图标的具体含义。我清楚认识到，若对话式人工智能的承诺得以实现，机构组织便能有效"藏起"机器的运作，使其对用户"隐形"。

我花了数十年的时间研究人与机器的对话。不久前，我与一家上市科技公司的首席执行官喝咖啡时，不知不觉中又谈起了这个熟悉的话题。我一如既往地提到对话式人工智能，或从广义上说超自动化将带来怎样天翻地覆的变革。

"对技术的利用，可以变得像直接向它寻求帮助一样简单。"

"若以对话的方式来运用机器解决问题，完全能让每个人都成为技术专家。"

"人类对先进技术的利用将不再以学习软件开发和部署为前提。"

"技术发展到最后，我们甚至能把开发新软件的任务交给软件来做。"

技术官笑了笑，说这些设想听起来都很棒。但我看得出来，他其实不以为意。在我们聊天之时，这名高管所负责的公司正在开发适用于 Slack（一款团队通信和协作应用）和 Teams（微软的一款软件，用来沟通、开会等）软件的自动化工具，以便通过这些软件的聊天界面来提供其应用。我只能等着看他是否能意识到，他们已经在为了适应对话式用户界面而削弱了公司自有平台的图形用户界面。

各个平台都曾多次尝试对图形用户界面进行扩展，例如 SharePoint（微软的一个门户站点，企业级协作平台，分享观点）和 Salesforce（美国一个客户关系管理软件服务平台）。但最终它们都揭示出一个残酷的事实，即由多人设计、有上百个选项卡的用户界面，其导航操作是非常困难的。毫无疑问，微软之所以从 SharePoint 转向使用 Teams，主要原因之一便是对话式界面可以同所有内容建立连接，伸缩性相当强。客户和员工都通过同一个门户与公司互动，而系统内部运作就像"香肠加工厂"一样被隐藏起来。

实际上，实现超自动化的策略，其制定和广泛应用中缺失了一个关键环节，即可扩展的界面。图形用户界面由于扩展受限，永远无法达到超自动化要求的程度。除了界面较为混乱、复杂外，更重要的是图形用户界面的呈现本身往往就是对自动化要求最多的过程。所以，这里缺失的一环便是对话式人工智能，即支持无限扩展的界面。它不仅可以轻而易举地将系统（和图形用户界面）的混乱运行掩盖在幕后，还可以将用户的生态系统联结为一个整体，形成反馈循环，从而演化为供所有用户（客户和员工）使用的自动化工具。

柠檬汽水（Lemonade）保险初创公司和蚂蚁科技集团（前身为蚂蚁

金服）① 等公司已开始利用对话式人工智能和超自动化技术对其所处行业发起变革。同我聊天的这位首席技术官将会认识到一个可怕的现实：对话式界面一旦得以广泛应用，将必定以迅雷不及掩耳之势扩展乃至完全取代图形用户界面。

在构建和利用对话式人工智能平台的过程中，我逐渐发现，它实际上是三种核心技术的结合，即对话式用户界面、组合式架构和无代码快速应用程序编程。从本质上讲，这个"三位一体"的组合的确是体验设计界的"白鲸"。它将无障碍的对话式界面推进到一个新高度——使软件创建大众化。无代码的方式也让我们在开发软件时不再只专注于软件使用体验，而是提升到通过组合式架构设计对话体验上来。这些组件技术不仅提升了用户体验设计，而且对人类社会发展也会产生重大影响。技术将得以普及并可被轻松驾驭，在科技的浪潮中无人会掉队。

当组织利用对话式人工智能来提供内部及外部操作自动化工具时，任何人都可以自行创建、迭代软件解决方案。对话式人工智能通过编排，与其他颠覆性技术在开放平台上结合形成生态系统，让团队成员协作式处理任务，实现流程自动化，达到远超人类自身能力的效果。对话式人工智能不仅能无限丰富、提升客户与组织的互动体验，也能为团队成员提供一个全新的工作范式。

这一层次的自动化即超自动化。在实现超自动化所需的条件下，体验设计的各种元素会构成一个快速流动的反馈循环。由于没有找到更好的替代词，我们暂将这一概念称为"超级用户体验"。以前我们在图形

---

① 全称：浙江蚂蚁科技集团股份有限公司。——编者注

用户界面设计工作上耗尽心力，却总是受到局限；现在设计对话式界面，则可以自由扩展，无拘无束。对于用户体验的架构，我们需要记录全面的地图。这些地图将同相应的体验一同发展为动态文档。组织内部人员会观察用户的持续体验，可能涉及对地图信息进行大量的实时研究和分析。在现实情况中，这将不可避免导致机器出现卡滞。但超级用户体验则能持续提供有价值的体验，因为根据其设计思路，在需要时人类是可以介入并提供协助的。超级用户体验创造的是一个比敏捷还要敏捷的环境。在这个环境里，无代码的人机交互可以不断得到迭代和改进。

对于那些因软件供应商开发周期冗长而深受困扰的人来说，上述设想听起来可能像是天方夜谭。但在一个以超自动化为目标构建的生态系统中，供应商确实可以引入任何技术，并在短时间内对用户体验的任何方面进行重大调整。我曾见过很多起点高调的项目，受漫长的开发过程所累，最终陷入"高调发布—悔不当初"的尴尬境地。软件的构建本应是一个创造性的过程，而本书描述的策略和技术则能实现这一点：组织内的创意人员可以从头到尾管理软件的创建过程。

如果你同我一样，也曾追逐对话式人工智能，那么现在你可能已经意识到，如果走错了方向，将面临如同亚哈船长①一样不祥的命运。他的船被一只他未能正确估量的强大野兽撞成两半，他发现自己和那股力量被绑在一起拖进大海。但令我惊讶的是，现在我已经可以同我的"白鲸"和谐共处、相伴而泳了。当对话式人工智能和超自动化合二为一，它们

---

① 小说《白鲸》的主人公。——编者注

会形成一个漩涡，既美妙，又可怕，动人心魄。如果总是想着要征服这些技术，那么计划的目标最终会化为乌有。成功的秘诀是灵活、敏捷，随着周围的一切疯狂翻腾，与它们并肩乘风破浪。成功"捕捉"对话式人工智能之所以至关重要，因为它本质上意味着，我们会掌握如何利用对话式用户界面、可组合架构和无代码创建，即我们可以创建一个战略环境，让每个人都能有效使用技术。

后续章节中，我们将深入探讨这个新领域的复杂机制。我将把自己所知倾囊相授，希望能帮助大家快、准、强又灵活地应用这些机制。这将是一段艰难曲折的旅程，既需要你运筹决策，也将促进你审视是哪些过时的流程和系统拖住了你前行的步伐。这听起来也许令人向往，也可能让你心生恐惧。但无论如何，是时候勇敢一搏了。如果你有意了解并尝试，首先建立起清晰的观点非常重要。所以，我将分享自己在这一领域深耕 20 多年所积累的知识，以期帮助你树立自己的方向和目标。

第一部分

智能数字工作者
生态系统设想

本书引言中已提到，创建生态系统以支持超自动化的实现是一项艰巨的任务，需要操作者具备扎实的基础知识。本部分将带你了解相关发展动态（截至本书写作时），澄清与对话式人工智能相关的一些常见误解，并初步展示超自动化成功实现的愿景。鉴于这一技术的全面性和强大性，我们应时刻留意它可能会引发的各种道德及伦理问题。这些经过编排的超自动化技术犹如从天而降，将引发全球性的巨大变革，我们的日常生活也难逃其影响。要加入超自动化的行列，我们必须秉承善意，但这远远不够。随着技术推进、变革加速这是必然的趋势，我们还必须密切关注种下的善意是否会结出善果。无论如何，我们现在算是这一领域的先行者。站在这个起点上，我们可以规划出一条能对各方皆有益的发展路径，确保不会有人被抛下。

若组织重视这些努力，愿意放弃过时的系统和结构，我们将会迎来重大机遇。一个新的世界近在咫尺。在那里，人人皆可平等享用技术，谁也不会被落下；在那里，死气沉沉的工作模式将成为过去，企业的命运将掌握在自己手中。在那个世界里，人们可以自由合作，解决最有趣、最具创意的问题；自动化不再是大型企业的专属福利。对话式人工智能在实现超自动化状态方面的战略应用，其目标简单而明确——即科技普惠、人人可享。

　　本书的目的，便是讲述如何进入这样一个世界。这关乎如何改善团队和公司的组织运作，使其更有助于实现和维持超自动化状态，从而提升组织的自主性。超自动化状态类似于人体的酮体代谢状态，即身体在饥饿状态下，不再利用碳水化合物作为能量来源，而是开始将脂肪分解为酮体提供能量。超自动化意味着打破组织内部结构进行重组（可能是将过时的工具和流程从组织剥离），以使其切换为一种更加强大、高效的状态。下面，我们先来一窥超自动化的组织乃至世界里的一些场景，让它们激发起你更大的"胃口"。

第 1 章

超自动化触手可及

绝非危言耸听，这是一个实实在在的警告：维持现状，就等于被判死刑。大多数现代组织在运营过程中所使用的系统和策略，几乎在短短几年之后，就会变得陈旧过时甚至丑态百出。这是因为，本书所述的战略性技术编排——包括深度学习、区块链和无代码开发工具在内，不仅是对我们惯常技术处理方式的革新，更会完全推翻现有的一切运作模式。

当今时代，技术发展突飞猛进，其功能性、普及性和复杂性都与日俱增。现存所有数据有 90% 都源于最近两年，这并非巧合。从另一个角度来说，过于丰富的信息量也意味着信息利用率的低下，实则是一种失败。对话式人工智能的出现将会改写这一切。

以对话式人工智能为核心的多种技术正在逐渐融合，它们将导致人类和机器的关系产生质变。对众多企业而言，这种融合已经以颠覆整个行业的方式将这些海量的数据存储转化为实际行动，成功重塑着客户和员工与组织的互动体验。目前世界上已有的自动化场景下，聊天机器人的使用体验普遍不甚理想。上述言论看似夸张，但事实确实如此。

对话式人工智能总是给人以"听得多、见得少"的感觉，这仅仅是因为它被大面积应用的时候还没有到来，但这一景象已然在望。虽然对话式人工智能的相关技术已发展到了相当先进的水平，但在应用层面，用户并不喜欢在 10 台不同的机器之间来回横跳。举个例子，如果你登录你的家居安全系统网站，想取消某项服务，那么你向系统的机器客服提出一个问题后，便会掉进一个无休无止的常见问答菜单的"漏斗"。你得花上好几分钟才能弄清楚系统不提供在线取消服务。下一次你致电会计部门，又会听到一系列的自动语音引导，无异于又掉进了另一个"漏斗"。于是你按下"0"键，想接通人工，免得被绕来绕去。比起拿着电话一直等待排队，或是寄希望能突然记起5年前设置的安全密码，这种糟糕的体验可能让人感觉更为低效。

"我没时间""我不想走冤枉路"的心态，正表明用户同机器对话的体验一直以来都乏善可陈。但现在，情况开始有所改变。在以对话式人工智能为中心的技术融合中，一个关键的要素便是旨在加快实现自动化的各类不断发展的智能型生态系统，即真正实现自动化的，乃是人类最古老的一种调适手段：对话。千万别误会，我不是说对话式人工智能不会消失，而是，它将无处不在。

新近推出的亚马逊公司的智能语音助手亚莉克莎（Alexa）和谷歌公司的谷歌家居（Google Home）等产品，在人工智能领域具有开创性意义，但还不算是真正的对话式人工智能。支持天气预报、定时设置或歌曲播放的智能音箱属于对话式人工智能的应用，尽管功能和技术高度相当有限，却代表着这一新生领域的无限潜力。在智能音箱对音箱行业的彻底颠覆下，市面上几乎再也看不到未提供内置对话功能的产品。那么当智能音箱的应用超出了苹果公司Siri或亚莉克莎的功能范围时，它可以发挥多么强大的作用？比如，要是你在让音箱播放冥河乐队（Styx）[①]的歌曲

---

① 美国摇滚乐队，成立于20世纪70年代。——编者注

《机械人先生》（*Mr. Roboto*）[1]时，提出一个要求："我想买一本马克·马龙（Marc Maron）今天播客中介绍的那本书。我不记得书名，帮我在鲍威尔书店找一下，再去亚马逊看看。"你猜会发生什么呢？

可能在几分钟后，你的手机会收到一条消息，其中附有达娜·史蒂文斯（Dana Stevens）著的《摄影师》（*Camera Man*）精装本在鲍威尔书店网站上的购买链接。你可以在最初的总括聊天界面上直接回复"好的，请购买"来继续发出指令。届时，这种界面已成为你生活中大部分技术互动的主要窗口。一旦这种设想变成现实，你就很少需要打开应用来与之交互了，从而也就无须因为不同应用使用不同的技术而去逐个适应它们。

当然对人类而言，对话绝不仅限于口头语言，我们有形形色色的方式来表达想法和需求。人们常以手势、面部表情、视觉辅助和声音作为谈话的补充。就此而言，对话式人工智能的概念也涵盖"多模式"交互的整个范围。这些多模式的交互作为关联生态系统的组成部分，可以利用人们持续创建的海量数据存储，从而提供无数机会来实现个性化、提高精确度。

这里所说的"多回合"或"多模式"，是指我们在和一台在后台运行的机器进行文本对话时，机器可能需要向你展示一段视频来阐述一个观点。在收到分析电子表格或数据的要求后，机器可以即时为你绘制图表，以更直观的方式呈现数据点。如果你在人机交互过程准备开车，那么界面可能就会切换为语音命令模式。这些多种模式的体验正是人与人之间常规

---

[1] 美国影视演员及脱口秀演员。——编者注

对话方式的反映。当技术发展至这一阶段，人类便能通过最自然化的界面来享用技术的功能和潜能。我们将这些微用户界面称为对话驱动型界面。它们同人类对话一样，可以具有各种各样的音频和视觉辅助工具乃至触觉提示。

目前通过浏览嵌套选项卡或应用的模式，绝不可能提供如此无缝、高效的体验，这也是许多全球领先企业逐渐认可的事实。赛富时公司（Salesforce）在收购 Slack 之后，围绕该软件实施了一系列的举措。该公司首席执行官已公开表示，目前公司正围绕 Slack 重建整个组织。与此同时，微软通过推出 Teams 平台也实施了类似的战略：构建集成式通信平台、统一对话界面，即通过一台机器实现所有连接，使客户、员工和组织的协作、交互更为高效。

当这种模式的自然对话成为机器和人交互的主要界面，人机之间的接口就"消失不见"，机器也就"隐形"了。大多数体验设计行业的人员应该对这种思路并不陌生。体验设计成功的标志之一，便是极低存在感的界面。在体验的过程中，界面越是"淡出"到背景中越远的位置，就说明体验越是"丝滑"。这种情况下，用户不会有太大的认知负担，就能集中精力、更高效地从技术中获取自己所需（当然，这也是幕后进行大量编排的成果）。

在对话式人工智能的辅助下，同机器的交互不再以人类去适应机器的交流方式为代价，我们使用机器或软件的体验会更顺畅。对话式人工智能将无所不至、无处不在。换句话说，"看不见"的机器将随处皆是。你可以通过手机、附近的任何智能音箱或任何具有语音功能的设备寻求这些机器的帮助。这一场景涉及前文所说的技术融合的另一个要素，即利用测序技术针对具体情况做出反应和调适。看不见的机器数不胜数，它们与旨在优化问题解决方案的各种生态系统相连接。这些技术、设备和系统合起来，便形成了超自动化。

剥去炒作外衣的超自动化

高德纳公司将对颠覆性的发达技术进行排序以实现协同工作定义为"超级自动化"。这一概念听起来功能异常强大，事实也确实如此。高德纳创造出"超级自动化"这个词是在 2019 年。当时该公司做出了这样的预判，"技术正处于关键的发展时刻——技术取代人类能力的时代即将结束，其创造超人类能力的时代即将到来。"笔者注意到高德纳的定义较为宽泛。如果将这一定义的范围收紧，明确要求自动化产生的结果必须优于人力结果的体验，将有助于我们理解超自动化与自动化的不同之处。在本书中，我们将假定超自动化会比自动化带来更好的体验。

实施超自动化战略需要组织内所有部门通力合作，任重而道远。但这并不是说我们面对超自动化一筹莫展。如果仅靠其自由发展，我们就将无法在超自动化方面取得成功。我们必须主动出击，才能有所突破。你可以现在就开始行动，但首先你要做的是摈弃很多老套的行事方式。超自动化并不是一堆具体计划的组合，它的特点是灵活性。实现超自动化的前提是，有一个开放式平台，用于控制将体验自动化过程中所使用的工具和软件。

OneReach.ai 公司自十多年前成立以来，一直致力于将对话式人工智能分解为可排序的模式，以实现通过超自动化完成工作的目的。笔者一生中大部分时间亦潜心改进人机沟通的研究。超自动化代表着在交互的人机两端均取得突破性的进展。笔者相信，超自动化如同印刷机的问世和工业革命，将会给人类带来剧变，而且很可能造成更大的颠覆。

究其本质，超自动化是一种应用型战略，它在人工智能发展的基础上更进一步，着眼于将人工智能与其他颠覆性技术相结合，并将其作为组织范围内体验战略的一部分来解决复杂问题。在本书的"工具及架构"一章中你也将读到，现有的技术已能帮助我们达成业务流程、工作流程对话和任务的超自动化，实现优于人力可达的体验（本书称为 BtHX）。但目前为止，对此善加利用的公司并不多。

哈佛商学院教授马尔科·扬西蒂（Marco Iansiti）和卡里姆·拉哈尼（Karim R. Lakhani）谈及超自动化时表示："很多人认为，超自动化是一种颠覆性的技术，就像优步革新了整个出租车行业一样。但事实并非如此。自工业革命以来，公司一直采用的是涵盖管理层、劳动力两个方面的结构。超自动化意味着彻底打破原有的生产方式，它正在对各行各业的所有方面起着影响。"

遗憾的是，众多组织往往对于颠覆性技术视而不见。就超自动化而言，这种漠视的具体表现则是将自动化看成类似于人类处理简单任务的一种手段。例如，自动化咖啡机的意义，可能就是能在早上 8 点 45 分冲一壶新鲜咖啡。但在优于人力可达体验中，咖啡壶将不仅能调整制作咖啡的时间和数量，还可以基于检索到的事务日程，准备好一壶超浓缩咖啡，以准备接待乘坐国际航班到达后正前来公司途中的客户。这样的体验是否有所不同？超自动化能做的还不止于此。一家敏捷的金融机构，可以通过（批准贷款、信用评分审核和财务咨询等）任务的超自动化来精简运营、缩减开支——这正是中国的蚂蚁科技集团的运作方式。这家实力强大、已实现超自动化的企业，其移动支付服务的活跃用户超过 10 亿人。

论及人工智能，我们常会想到的一个概念便是奇点——在这个假设的时刻，将有一个强大的机器智能超越所有的人类智能。另一个概念便是机器具备通用人工智能（AGI），可以学习人类来执行任何智力任务。这类超级智能是不可能由某种超级算法自动产生的。

奇点或通用人工智能更有可能诞生于一个包含多种算法和排序技术的生态系统，这些技术可能由来自世界各地的软件的不同部分组成，以智能方式排序实现协同工作。这样的生态系统与本书中将讲到的生态系统极为相似。

奇点可能要在几十年后才会到来。但现在，我们已悄然树起了一座重大的里程碑。用户在对话式人工智能方面已经有一定体验，且从这些体验中获得了远远优于人工所能提供的体验。在这一点上，蚂蚁科技集团再次充当了有力的佐证。该公司曾向《麻省理工科技评论》（*MIT Technology Review*）表示，其采用的聊天机器人已实现了高于人工客服的客户满意度。

再如柠檬汽水保险初创公司，这家初创保险公司充分利用技术为业务运营赋能，以低廉的保费将可能的盈余赔付资金用作慈善捐赠，在客户交互中采用优于人力的对话式人工智能等手段，从而颠覆了传统租赁保险市场。

朱丽叶特·万·文登（Juliette van Winden）在媒体平台 Medium[①] 上

---

① 一个轻量级内容发布的博客平台。——编者注

发表了一篇博文，专门介绍了柠檬汽水保险初创公司的聊天机器人玛雅（Maya），其中提道："柠檬汽水保险初创公司的人工智能聊天机器人简直太棒了，这是我选择他们的最主要原因。玛雅全年无休，一周 7 天、每天 24 小时随时在线，可以回答用户的每一个问题，并带领用户完成注册。其效率之高，与其他流程拖沓的供应商有天壤之别。在玛雅的指导下，我花了两分钟就搞定了所有步骤……而最让我惊叹的一点是，我完全感觉不到自己是在和机器人聊天。玛雅幽默风趣、魅力十足，跟它交流起来和真人互动没什么两样。"

在第一部分的"超自动化如何改变世界"一章中，我们将深入各种场景进行探讨。现在，我们先来假设这一现实的发生场景是"你的路由器出现了故障"。在你致电服务提供商后，服务提供商的超自动化生态系统就能在对话式应用程序的引导下快速、从容地执行所有必要的系统检查。甚至有可能在你自己尚未发现问题之前，该系统就已经检测到你的路由器出现了故障，随即对话式应用程序便主动与你取得联系。实现这一功能的，是比聊天机器人更为强大的智能数字工作者（IDW）。智能数字工作者与服务提供商的生态系统（由一系列相辅相成的技术、流程和人员组成的网络）相连，以客户服务为主要使命。它在接到维护部门的某台智能数字工作者发来的消息，提示你所在的位置断网时，便向你发起联络。按照程序，该智能数字工作者被设定为通过运行后台任务来隔离并解决问题，同时，它还会与你交谈，以验证你的账户和位置。这个智能数字工作者可能会要求你提供一张路由器闪灯的照片，并在后台查看你的连接状态。它会在数秒之内对问题做出评估并予以解决。并在 5 分钟内将你的路由器恢复运行。这个过程中，最激动人心的是什么？你无须再苦苦等待与人工客服取得联络。有数不清的数字化工作者在随时准备为你提供服务，他们甚至会先于你检测到问题，并主动向你致电。在亲身体验过这种 BtHX 之后，你将永远不想回到传统的服务模式。

公司为了获客，会大肆投入资金开展市场营销。但他们斥巨资建设呼叫中心之后，却往往会导致客源流失，这种情景总令我们沮丧不已。超级自动化则可以解决这方面的问题，让客户与组织的每一次互动都变得愉快而富有成效。毫不夸张地说，它能让每一次同客户的互动都成为巩固客户的一个机会。

随着对话式人工智能同其他技术相结合，生态系统的海量数据之间建立起关联衔接，客户和员工的问题解决能力均会提升，从而给我们所知的世界带来巨变。

在本书中，我们将研察一个强大的生态系统，它以超自动化方式开展业务流程、工作流程各类任务和通信。我们会举例说明这样的生态系统（图 1.1）是以怎样的战略构建得来的。

我们应始终牢记，超自动化拥有惊人的潜力，可以为配备了此类生态系统的企业带来无可比拟的市场优势。要让这一历史性的超级颠覆性技术为你服务（而不是被远远抛在身后），组织需要将其作为一项全局性任务来开展，使其覆盖业务的方方面面。如果我们只是零散随意地发起一些技术性举措，例如，部署一些互不相干、各不相同的设备，那么组织的员工和客户就不会对此有深刻的印象，其采用率也必然不高。但如果组织实施的是全面铺开的行动，就可以完全改变原有的生产范式，其发展潜力也相当可观。

图 1.1　智能数字工作者生态系统

"哇，超自动化听起来确实不容易"

掌握超自动化的确是一个艰巨的任务。入门最简单的方法一般是先在组织内部实施自动化。组织应从细微处入手，先进行个别任务和技能的自动化，而非立即全面铺开。起头越是简单，就能越快进入后续测试和迭代过程；而测试和迭代越早，就能越早制订出一个内部解决方案。在此解决方案的基础上，你将继续进行测试、迭代，并因势利导开发新的技能，再进行相应测试、迭代和交付。这个过程常伴随着摸索、试探甚至挫折，但这些本就是发展路上必然的经历。超自动化非常敏捷（可以称为超敏捷），在合适的工具和初萌生态系统的辅助下，迭代过程往往也会很快，就连失败也往往能快速将我们引领向正确的方向。修复程序和新解决方案可任意快速测试及部署，从而让你的组织在已有的胜利基础上，以更快的速度继续前进。

"迭代"一词在大多数企业环境下可以随意使用，但无论在哪种情况下，其核心目标皆在于持续改进。通过在组织内部成功实施自动化并不断改良，你可以让组织内从上到下各级成员都看到超自动化的发生过程，同时也让他们逐渐熟悉这终将成为所有人家园的生态系统。从长远来看，这将使你离创建、测试面向客户的对话应用程序又近一步。同时这个过程也带来了短期的回报：你的努力会有助于团队成员完成更多工作，他们的工作满意度也会有所提升，作为他们下游的客户也将因此从中受益。上述方法并非实现超级自动化目标的唯一途径，但要加快在整个组织采用人工智能的脚步，一般来说这是最为高效的方法。

超自动化意味着超级颠覆

我认为有必要再次强调，前文提到的业务变革现已在推行中，而且将以惊人的加速度继续发展。"超级"之所以存在，有其必然性。在以实现超自动化为目的构建的生态系统中，颠覆性技术的排序将给所有行业带来超级颠覆。这些颠覆是突如其来的，我们无法每次都精准预测到它们的出现。诚然，这些颠覆中"超级"的部分对我们来说是未知的；但实际上，用于解决复杂问题的技术排序已经存在好几个世纪了。

例如，印刷机便是一种典型的"颠覆"。它以革命性的方式将信息传播到整个中世纪欧洲，并最终散布到全世界。而印刷机本身是早已存在的，古腾堡印刷机是由用来榨葡萄以酿造葡萄酒或榨制橄榄油的压榨机演变而来。古腾堡（Gutenberg）在 1455 年第一次印刷《圣经》，这一颠覆性成果来自其他多种颠覆性技术的变化、编排，其中包括油基油墨的发明、定制纸张、源于中国的活字印刷术、冶金技术和印刷机。

通过编排技术实现创新并为我所用乃是人类的天性。超自动化代表了一个新的时代。凡有所主张者，即有发言权。有了发言权，我们就可以通过对颠覆性技术进行编排，来达到他人难以设想的目标。

正如前文所述，组织要在不断被颠覆的环境中取得成功，要诀是打造一支多元化的队伍，并形成一种鼓励变革的文化。通过拥抱变革，你将能以速度和迭代来打消对失败的恐惧。有时，学习和进步的最佳方式就是踏出第一步，我们称为"在失败与尝试中快速前进"。巨变即将到来，我们应保持警觉和紧迫感，行动起来。在超自动化的道路上刚刚起步或已经感到难以应付的人也不必担心，我们有一些实操方法可供参考。

和印刷机的出现一样改天换地的颠覆性变革即将到来。它离我们的距离不是数十年，而是以星期计算。为了帮助你找准落脚点，我们将在第 5 章中就几种场景展开探讨，以了解超自动化如何改写我们的技术体验并在瞬息间改变我们的日常生活。但在此之前，我们先来了解关于对话式人工智能的一些正确概念和错误认知。

行动要诀

- 超自动化已然来到，并在蚂蚁科技集团和柠檬汽水保险初创公司等公司被投入使用，对金融和保险这两个存世已久的行业产生了颠覆性的影响。

- 一旦对话式人工智能被更广泛应用，将促使人机交互发生质变，推动技术发展进入全新时代。

- 面对超自动化，我们必须主动出击。你可以现在就开始行动，但首先要做的是，你要摒弃很多老套的行事方式。

- 在一个形式各异、规模不同的各类组织均实现了超自动化的世界里，通过颠覆性技术的编排来解决日益复杂的问题将司空见惯。

- 当各种颠覆性力量以更快的速度被编排，社会将被营造成一种"超级颠覆"的环境，这将导致各行业都时常需要被全盘推翻并重新定义。

第2章

对话式人工智能的定义及曲解

自动化和对话式人工智能受到抵制有多种原因。很多持反对意见的人认为，机器根本不可能实现任务自动化，至少做不到出色的程度。但显而易见，随着对话式人工智能和超自动化生态系统的普及，机器在人的控制和指导下，将能成功把无数任务和流程自动化。

"自动化"是指由机器完成通常由人类执行的任务。引申开来，"超自动化"便是通过成功编排先进技术（例如机器学习、可组合架构、计算机视觉、对话技术和无代码开发工具）来让机器自动开展人力所不能及的任务和流程。换言之，超自动化即协调多种前沿技术，通过它们的合力，实现更为高效的自动化。

在各种过度炒作和不实宣传的影响下，人们很容易将对话式人工智能简单地看作一种仅仅在用户体验方面更为卓越的新型界面，但它的意义远不止于此。对话式人工智能涵盖了多种的新兴技术，因此商业领域迫切需要将其应用并推广。然而在此之前，我们还需要更深入了解对话式人工智能的内涵，以便充分体现它的价值。

实际上，成功实施对话式人工智能需要建立一个支持超自动化的开放生态系统。该系统利用共享信息库和无代码设计工具，可实现高层次自动化和常规的持续演进。虽然新系统可使用原有生态系统的部分技术来构建，但是仍然需要开展大量的演进工作。在超自动化的框架下，新的生态系统是基于技能和功能需求的，所有连接都通过统一的对话界面实现，从而摆脱了原系统基于应用程序、囿于不同图形化用户界面难以扩展等制约。为实现超自动化，人们可互换技术通过开放式平台进行排序和编排，这样既便于自由实施来自任何供应商的最佳功能，又支持灵活、快速地任意迭代解决方案。此外，快速编排及编排的持续演进也是对话式人工智能的一个重要特性，其实质是在生态系统内战略性地对技术进行排序。而超自动化则意味着高效完成这个过程，同时不断实施迭代改进。

正确理解对话式人工智能后，我们会发现它并不是一项孤立的技术，而是业务战略的一个组成部分。这种战略通过有序整合多种技术来搭建生态系统，从而实现超越人类自身能力的任务和流程自动化。对话式人工智能不是什么神奇的魔法，本质上它是数学和逻辑的结合。若编排得当，它可以消除人机沟通的大部分障碍。

为了更好地阐释对话式人工智能的概念，我们可以先排除一些错误的定义。以下笔者将列出有关对话式人工智能的一些常见误解，带你了解其中的真相。

误区一：对话式人工智能就是和机器聊天

二者完全不是一回事。事实上，自然语言处理（NLP）和自然语言理解（NLU）在对话式人工智能所处理的难题中只能算微不足道的两个部分。要让计算机做到超自动化［根据语境来理解人类的话语（即自然语言处理），理解话语中潜藏的意图，提供有意义的响应（即自然语言理解）］，我们还需要在技术上取得重大突破，比如在以下领域：意图识别、实体识别、履行、语音优化响应、动态文本转语音、机器学习和上下文感知等。目前，只有少数组织在较高的层面上利用这项技术。一方面是因为在超自动化状态下，体验不仅涉及聊天和打字，还涉及手势、面部表情、视觉辅助、声音和触觉反馈等方面；另一方面，支持对话式人工智能运作的一整套技术和流程也更为复杂，包括集成、任务自动化、多渠道优化、对话式设计、维护及优化，实时分析和报告等。在此情况下，将自然语言处理／自然语言理解与对话式人工智能混为一谈，无异于在自行车和汽车之间争短论长。同样，将输入的单词转换为音频的文本转语音（TTS）和"文本朗读"技术，以及支持用户口述命令而无须在键盘上输入数字的自动语音识别（ASR）技术，也远远不能代表完整的对话式人工智能。事实上，在越是复杂的用例中，自然语言处理／自然语言理解的作用就越是微乎其微。回答员工医疗保健问题的问答机器人，其功能为纯粹的自然语言处理／自然语言理解（如识别问题、提供正确答案，仅此而已）。当需要将为员工签订相应健康计划这一任务自动化时，自然语言处理／自然语言理解发挥的作用相当有限。它只能确定用户要注册健康计划的意图，此后的工作便得交给其他技术和流程来完成，比如身份验证、收集员工个人数据、生成推荐计划、帮助用户注册意向计划、通过电子邮件确认交易等。这些操作都需要在一个针对自动化搭建的生态系统下才能实现。总而言之，单纯的人机聊天同对话式人工智能之间的距离堪以光年计。

误区二：对话式人工智能属于附加组件

对话式人工智能可不是通电即用的技术。只有通过全面的战略予以实施，才能让对话式人工智能真正发挥价值，而在涉及遗留系统的情况下则尤为如此。对话式人工智能战略的成功实施和扩展固然涉及繁重的工作和内省，但这些努力也终将带来回报，促进组织各方面的统一和进步。

误区三：对话式人工智能的目标是模仿人类交互

人类这一物种的特别之处，在于我们总是能不断打破自我能力的界限，实现超出预期、令人惊叹的目标。但对话式人工智能终究不是人类，我们没有把它当作人类，也不应试图让它变成人类。对话式人工智能和超自动化的意义在于，它们开启了通过技术排序来提供服务的先例，从而完成远超他们自身能力的目标。

误区四：对话式人工智能轻而易举就能实现

将对话式人工智能集成到组织运营中可能是极具挑战性的一项工作。成功实施对话式人工智能需要一个针对超自动化而构建的生态系统。这个系统需要将信息、模式和模板的共享库同无代码设计工具结合起来，从而实现高水平的自动化和持续演进。

误区五：部署对话式人工智能应从全局入手

大多数组织并不需要面向公众的大规模部署，如美国银行的虚拟金融助理埃丽卡，就可以充分利用对话式人工智能。员工是最了解内部任务的人。从组织内部着手，在员工的协助下将任务自动化，一般来说能达到较好的效果。以内部工作为起点，还有利于掌握技术排序的方法，达到比单纯人力所能实现的更高效率和更卓著的成效，这将为对话式人工智能生态系统打下良好的基础。当你有能力为客户提供优化体验时，该生态系统可以扩展到为客户服务。总之，你需要从内部做起，先实施小规模的简单任务，再以迭代的方式不断推进、扩展，直至将其规模化。

误区六：有足够的商业头脑，就意味着有能力选择最好的对话式人工智能平台

鉴于前文已谈到的复杂性（更不用说后续章节中的内容了），仅仅靠你组织的商业化思维尚不足以支撑对话式人工智能方面的决策。这些决策需要组织内不同领域、学科的专业知识间的协作。你需要来自下列人员的意见：通晓组织内现有技术的人员，与你的客户群建立了良好关系的人员，了解组织业务有哪些方面已准备好自动化的人员。你只有更充分了解创建超自动化生态系统涉及的方方面面，才能确保选用的工具和系统是最合适的。一旦你和组织成员对要构建的目标设定了共同的愿景，就会更容易识别出哪些产品能为你们提供真正有价值的解决方案。成功的对话式人工智能平台源自组织内关键人员的通力合作。

误区七：实施对话式人工智能一个人就能搞定

超自动化的任务单凭组织中任何一个人是无法完成的。你需要设立

一个由各类专家组成的核心团队，制定一套涉及组织中各部门成员的流程。这些专家可以是组织内部成员或外聘人员，但他们必须都具备娴熟的相关技能。他们在推进超自动化的进程中，应不断地向其他参与者充分宣扬美好的未来，激励他人为自动化解决方案设计出谋献策。在超自动化这场伟大的征程中，全员参与是到达胜利彼岸的不二法门。

误区八：需要聘请专家，才能正确实施对话式人工智能

为实现超自动化构建生态系统中的对话式人工智能排序尚处于起步阶段。目前为止，还没有专家机构或特聘人员可协助组织事半功倍地达成目标。当然，这并不表示无法找到有能力的合作伙伴来帮你实现超自动化。但是从投资的角度来说，把所有工作外包完成并非最好的选择，更好的做法是，选择一个合适的合作伙伴，让他们为你培训一支组织自有的团队，以助你掌握成功实施超自动化的方法和技能。

误区九：可以通过一个平台实现超自动化的所有管理

亚马逊、微软和国际商业机器公司（IBM）等大型企业已经部署了一些尖端产品，在某些方面实现了对话式人工智能。但即便如此，它们也没有任何平台或服务可实现超自动化。超自动化需要的是一个开放系统，让你可以通过全套的工具来对不同技术进行排序和编排。它需要一个由各种元素组成的网络，以不断演进的方式协同工作。你需要尽快尝试尽

可能多的解决方案，以促进生态系统的发展。其中，最好的方法便是快速迭代，即尝试各种新配置，同时将最适合你企业的工具、人工智能和算法隔离开来以持续改进。开放式系统有助于你理解、分析和管理生态系统内各游离部分之间的关系，这些知识对实现超自动化非常重要。必须谨记，这不是一场采用任何特定技术的竞赛，而是一场让自己尽可能多地采用不同技术的角逐。

误区十：电话同超自动化毫不相干

人们往往会将对话式人工智能看作一种基于网络的技术。但实际上电话通信是缩减成本的关键所在。虽然很多人大部分时间都坐在电脑前，但每个人都几乎整天随身携带的，却是一台小型的电脑——智能手机。智能手机有各种各样的功能，如短信、语音、卫星定位和金融业务等，这些都可以在为排序式对话人工智能而构建的生态系统中发挥作用。

目前，世界上还有很大一部分人使用低端的功能型手机或混合型智能手机访问互联网。市场研究与咨询机构 Strategy Analytics（全球著名的科技市场研究机构）的高级分析师吴毅文指出："据我们估算，全球的智能手机用户群已由 1994 年的 3 万人激增至 2012 年的 10 亿人，并于 2021 年 6 月达到 39.5 亿人，达到历史最高。根据估算，截至 2021 年 6 月，全球总人口为 79 亿，这意味着全世界有 50% 的人都拥有一部智能手机。"

此外，尽管电话通信总体而言已日渐式微，但它们在全球众多企业里仍占据着重要地位。客服中心技术公司 Genesys 的首席营销官梅里恩·特·布伊（Merijnte Booij）在沃克斯（Vox）的访谈中提到，在疫情初期，他们看到很多人迅速从数字渠道转移到语音渠道，试图获得更高的确定性、更多的保障和共鸣，从而在企业决策中获益更多。无论是高级智能手机还是普通手机，对排序对话式人工智能的生态系统而言，它们都在人机交互中充当着关键接口点。它们的覆盖范围更广，也更为灵活，所以不要把它们排除在外。

误区十一：可以利用组织现有的系统和经预训练的机器人来实施超自动化

大多数试图通过对话式人工智能实现自动化的组织只能眼睁睁地看着不同的聊天机器人各自为政，它们与同伴或使用它们的组织没有任何有意义的联系。这样既浪费了时间和资源，又疏远了客户和团队成员。为了说明一些问题，高德纳公司将这些开箱即用的机器定义为"省事但价值不大"。采用更费事却更有价值的集成方案，可以从本质上提升组织的能力——从特定领域的有限渠道和响应能力，升级为能发挥虚拟助手功能的机器，从而具备以数据驱动的决策制定能力、跨渠道工作能力和主观能动性。要达到更高水平的超自动化，我们应采取战略来构建一个生态系统，让这种对话式人工智能在这种环境下蓬勃生长。在这个过程中你可能会发现，目前生态系统中的某些元素可以整合到升级后的生态系统中加以利用，但它们绝不会是演进过程中的关键要素。

为实现自动化已部署的、在特定流程下工作的聊天机器人，似乎是实现超自动化的捷径。但从长远来看，它将花费你更多的时间。在你将工作流程自动化时，你会发现这些机器人也需要升级。如果你不得不征询机器开发人员的意见，最终的结果将是进入一个等待的循环：等着机器迭代、测试，再等着它们更新。这样不但浪费了你的时间，也消磨了你推进变革的热情。你真正需要的是可自定义的工具，以便于用无代码方式随意变更设计。这样，你便能在组织内部进行测试并快速实施变更。唯此，方能有效实现超自动化。

误区十二：超自动化就是通过现有工作流程的自动化来改善运营

从表面上看，对话式人工智能最大的胜利似乎就是它可以代替人类执行单调的任务。这一作用确实不可否认。但它真正的价值，是以更好的方式来自动完成任务。举个例子，如果你收到美国国税局寄来的一封信件后，准备致电向他们了解相关情况，那么你遇到的第一个拦路虎，便是在自动化语音系统提供的庞杂选项中，确定自己属于哪种情况。随后，你还需要在一层又一层的电话筛选问题里，反复地重演这一过程，看看是否能联系上相应的部门，而且很可能要等上几个小时才能最终得到答复。但如果是在使用智能数字工作者的情形下，智能数字工作者可以通过验证你的个人信息，同时交叉引用你最近的税务状况，从而推断出你致电的原因是就上周发送的信件进行沟通，整个流程是不是简单多了？智能数字工作者甚至还能直接告诉你，他们已经在该信件发出之后，收到了你缴纳的税费，同时提供给你一个确认码，不到五分钟就可以解决你所有的疑问。这种体验又如何？在集成对话式人工智能的生态系统中，设计和实现这种优于人力的体验可谓易如反掌。

误区十三：超自动化和任何其他的软件构建没什么区别

多年来，瀑布式软件开发流程被发现有很多漏洞，已经完全跟不上时代了。如果你想在设计对话式人工智能解决方案的框架内应用瀑布模型，那么你必定会无功而返。使用对话式人工智能创建超自动化生态系统是一个迭代的过程，需要通过灵活的快速、无代码设计工具来稳定部署全新的解决方案。即使是在这个领域已经非常成熟的公司，也应有所准备，因为迭代周期的快速发展有可能超过他们所习惯的程度。

误区十四：超自动化只需要上传组织存储的所有数据，再继续运作即可

超自动化的过程绝非如此简单。储集海量的客户及业务数据一直以来并非易事，而要从数据堆里提取有价值的部分，更是一项艰巨的长期任务，需要采取全局战略予以实施。（即便如此，可能还是有人想通过即插即用的方法来解决这个问题。请注意，这些方法的最高准确度约为40%，也就是说有大部分的数据会被浪费掉）。要准确提取数据的所有价值，你须在一个框架内分类数据，使其成为可从整个生态系统各部分访问的活跃资源。这种场景可以有效提高上述工作的效率，即每当机器遇到超出其能力极限的问题，它就会向组织内的人类成员发起征询。人类不仅能帮助机器推动眼下的交互进程，还可以为其提供指导，发展其独立解决问题的能力。

行动要诀

- 随着对话式人工智能的普及，机器在人的控制和指导下将能圆满地把无数任务和流程自动化。

- 成功实施对话式人工智能，需要建立一个支持超自动化的开放生态系统。该系统可实现高层次自动化和常规的持续演进。

- 编排得当的对话式人工智能可以消除人机沟通的所有障碍。

- 我们踏出迈向对话式人工智能的第一步之前，需要先了解一些常见的错误观念，以避免走入歧途。

第 3 章

超自动化时代的竞争

在许多组织看来，超自动化的覆盖面如此广泛，性质如此多变，他们的资源还不足以达成这项目标。因此，他们想要推迟实现超自动化的进程。但须谨记，全面应用超自动化乃大势所趋。有意避开这一发展趋势，会陷企业于丢失市场份额的不利境地。与此同时，那些成功实现并保持超自动化的公司，哪怕是面临最为接近的竞争对手，也终将胜出。

高德纳公司研究副总裁法布里兹奥·比斯科蒂（Fabrizio Biscotti）2021年曾说："超自动化已不再是可有可无的一种选择，而是生存所必需的条件。在后疫情时代以数字化主导的大环境下，组织不得不全速落实数字转型计划，这样就需要他们将更多信息技术（IT）流程和业务流程自动化。"

超自动化能助力企业将烦琐的新流程、新任务实现更高级的自动化。在这种情势下，企业将如虎添翼，赢得极大的经营优势。企业一旦在超自动化方面渐入佳境，竞争对手要赶上他们的难度将以指数级递增。

超自动化成功实施示例

随着企业不断发展壮大其生态系统，它将有能力自动执行更多更复杂的任务，从而让人类将时间投入更具创造性的工作，例如解决问题、实现其他工作流程的自动化等。

在前文，笔者已经提到，中国的蚂蚁科技集团已实现了内部流程和面向客户流程的高度自动化，开创了全球金融业的新天地。尤其是成功实施对话式人工智能和机器学习，使该公司占领了极大的先机。截至2020年，蚂蚁科技集团的客户数量就已超过当今美国最大银行客户量的10倍以上。考虑到当时集团运营才刚满4年，这一成绩就更是令人震惊了。根据一项早期的估计，其时蚂蚁科技集团估值已达到全球第一的金融服务公司——摩根大通的50%左右。

蚂蚁科技集团与大多数的同业机构，也可以说与大多数企业相比，在某些方面存在显著差异。而这些核心差异都指向同一个主题，即超自动化。对于蚂蚁科技集团而言，自动化解决方案不是随意构建的结果，而是一个由高效协作的自动化技术构成的生态系统的有机组成部分。

蚂蚁科技集团本质上是一家数字化的公司，这一点体现在公司理念、战略和一切行为的实施中。"这只是我们的第一步，"集团首席执行官井贤栋（Eric Jing）在2018年《华尔街日报》的一篇文章中声称，"区块链、人工智能、云计算、物联网、生物识别等技术，催生着金融系统的进一步升级，在不断提高其透明度、安全性、兼容性和可持续性。"

《哈佛商业评论》（*Harvard Business Review*）对该集团成功实施超自动化的评论可谓恰如其分："（蚂蚁科技集团）运营活动的'关键路径'里，没有人工的影子。在这里，人工智能才是主角：不需要经理批准贷款，不需要专员提供财务咨询，不用人工代表来授权消费者的医疗费用。由于摆脱了传统企业运营方式面临的种种限制，蚂蚁科技集团以前所未有的竞争优势，实现了迅猛增长，还对各行各业产生了冲击。"

在技术持续快速发展的环境下，大多数企业都不甘落后，奋力在变迁中求生存。如果公司已经处于优势地位，就更有可能把竞争对手远远抛在身后。其实，获得这种先机并没有想象中那样困难，反而可能是一段激动人心的历程。我们首先需要做的就是彻底转换思维方式。

和无所不知的设计师或团队才能打造的解决方案比起来，专注于构建一个解决复杂性的框架更为可行。

要是将自动化视为一个能直接解决特定复杂问题的方案，可能会令人生畏；但如果只是把它当作一个解决复杂问题的框架，它就更加灵活、适用。换言之，多样性可以有效化解复杂性。

新冠疫情成助推器

不得不指出，新冠疫情在全球的肆虐，将超自动化应用及需求推上了一个新台阶。引用麦肯锡公司（McKinsey Analytics）的说法："其实在这（新冠疫情）之前，由于较早应用人工智能的组织从中得到了回报，其他组织已面临越来越大的压力，亟须采用人工智能。（疫情危机）只是将这项技术推上了更重要的地位。很多公司使用人工智能将其面临的各种重大挑战快速分类，以便在不确定的、快速演进的形势下为其员工、客户和投资者重设路线。"

超自动化诚然创造了许多机遇，但也给企业带来了实实在在的威胁。如果企业不熟悉这一进程所涉范围，或是正以分散型方式而非协作式战略实施自动化，它们就会远远达不到要真正将自动化付诸实践所需的条件。

而敏捷、具有前瞻思维的初创企业，以及像蚂蚁科技集团之类的颠覆性行业巨擘，则有能力趁此难得的机遇，迅猛扩大自己的市场份额。

超自动化，立于不败之地的要诀

超自动化是目前业务运营必不可少的法宝。你越是能尽快坚定这一理念，就越是能在竞争中站稳脚跟。你必须快马加鞭，你必须敢于冒险，你必须经历失败，你还必须一往无前。组织实现超自动化所需要的前提条件，看似特别令人生畏〔因其往往要求精通多种技术，涵盖人工智能、机器学习、机器人流程自动化（RPA）等〕，但实际上，我们可以通过一种更简单的方法，即从尖端对话技术入手（图3.1、图3.2）。

通过无代码的快速开发工具及对话技术，组织内的任何人，无论其技术／技能方向或专业领域为何，均可利用或推动高级软件解决方案的创建或发展（图3.3）。由此，这些技术切实改变了公司开发软件的方式、开发者的定位、可开发的内容，以及开发的效率，从而极大降低了先进技术排序的门槛，助力公司更快实现超自动化的战略目标。

对话式技术就像是一座桥梁，让人和机器能够通过自然语言进行交流、协作。具体到自动化生态系统的创建上，人机之间的对话式交流协作将可能导致回报呈指数级增长。也就是说，当组织中的任何人都可以通过口头或文本与机器交流、更快完成更多工作时，人类的生产力必然会得到整体提升。

在使用可视化、拖放式组件构建的自动化生态系统里，结合对话界面，组织里的每个人都能利用先进技术解决方案来参与设计。

**超自动化，
光明未来之
坚强后盾**

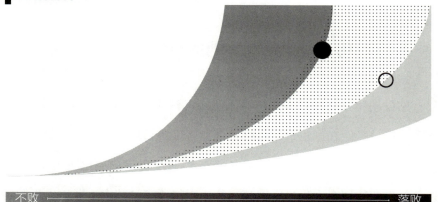

不败 ——————————————————————————→ 落败

图 3.1 超自动化回报

不通过无代码技术、
对话技术实施的
超自动化

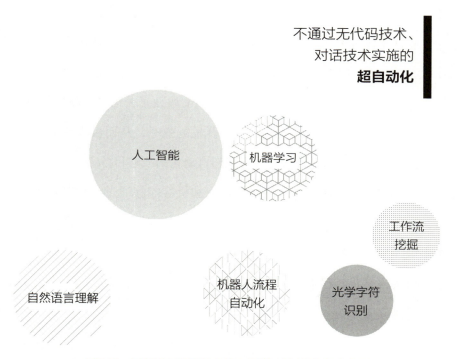

图 3.2 不通过无代码技术和对话技术实施的超自动化

通过对话式技术，人类参与到整个生态系统的演进过程中来，成为其中的一环。系统通过这样的循环演进，覆盖了自动化任务和工作流，实现了它们的无缝衔接。在这种情景中，人类可以轻松地对机器遇到的问题提供帮助。人类没有必要从一开始就把所有自主权握在自己手中。繁重工作可以借助对话式人工智能和无代码技术构建系统来完成，这有利于自动化的快速、有机发展。人与机器的协作，又会推进自动化发展的深度和广度。

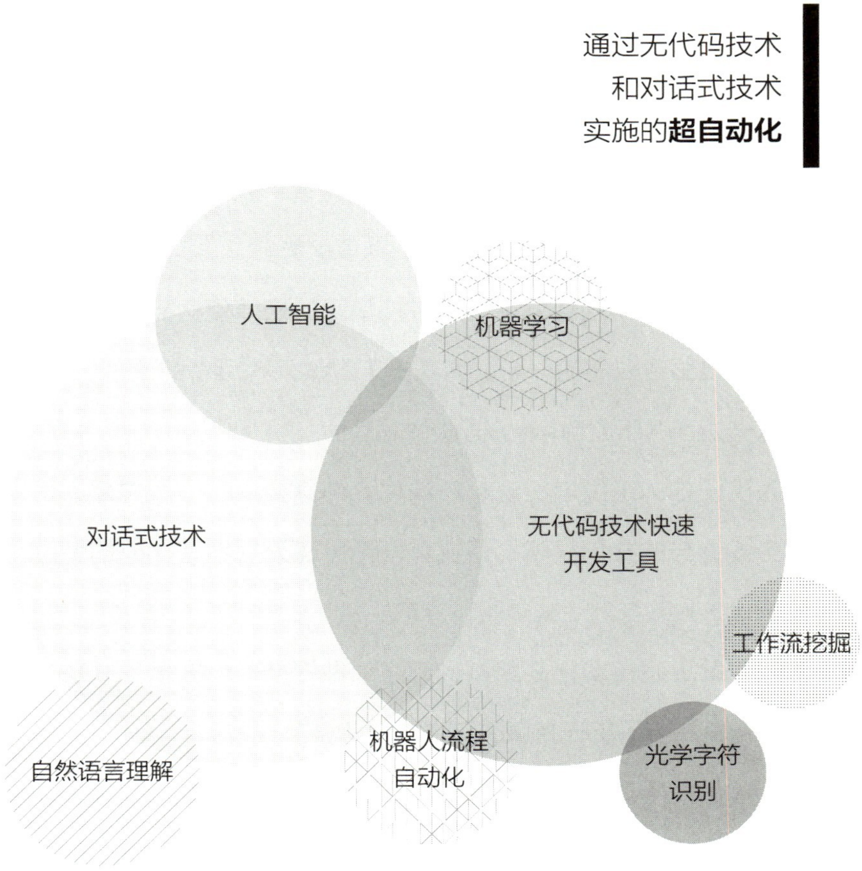

通过无代码技术
和对话式技术
实施的**超自动化**

人工智能

机器学习

对话式技术

无代码技术快速
开发工具

工作流挖掘

自然语言理解

机器人流程
自动化

光学字符
识别

图 3.3　通过无代码技术和对话式技术实施的超自动化

我们将继续探讨超自动化如何以多种方式重塑我们所在的世界和在其中运营的组织。在这之前，我们先花点时间，来探察一下超自动化作为一项功能强大、覆盖面广泛的技术，其涉及的大量道德伦理问题。超自动化的发展历程终将流逝在岁月长河里，但它起着确立其演变基调的重要作用。因此，这个开创性阶段的所有工作，都需要被反复衡量、深思熟虑。

行动要诀

- 自动化的解决方案并不是随意构建的结果，而是生态系统的一个有机组成部分，这些自动化技术完美协作、共享资源。

- 企业以超自动化为核心技术支撑其运营，就可以达到事半功倍的效果，迅速形成难以逾越的竞争优势。

- 经过短短四年的经营，蚂蚁科技集团的市值便达到了世界第一金融服务公司的一半，而其员工数量只有后者的十分之一，这一切都源于超自动化的强大力量。

- 为了在你的组织内实现超自动化，你需要制定一个内部人员全员参与的共创战略，还要有一个可在无须编写代码的情况下让人人参与对话式体验设计的平台。

- 一旦踏上超自动化之路，人们必须做好准备，去承受解决方案及其生态系统在持续演进过程中的屡屡挫败。

- 无代码技术的创建赋予了软件开发的民主化方式，提高了开发效率。

第 4 章

体验式人工智能的道德伦理问题

马歇尔·麦克卢汉（Marshall McLuhan）是我的世交（现为加拿大知名哲学家），我有幸自幼受到他的训示。在万维网诞生的 30 年前，麦克卢汉就在一定程度上预言了它的出现。此外，他还发表过许多有力的预见性言论。下面这句话，就非常适用于体验式人工智能：

"工造其器，而器亦造工。"

在无意中听到我的孩子们因为亚莉克莎（前文提及的亚马逊提供的语音助理服务）回答他们的问题不够快而捉弄它时，我想到了麦克卢汉的这句话。虽然这件事本身不算严重——毕竟，亚莉克莎不会有受到伤害的感受，但我与同事就此展开了关于道德问题的一场讨论。

一方面，我们为什么要去顾虑孩子们如何对待一个没有情感表象（只可能是表象）的无生命存在？另一方面，如果我们仅仅是出于"不能对机器不敬"这一规则，而不在对话界面上表现出粗鲁或不耐烦，那么这能在多大程度上说明人类道德的高度？事实上，日常之举正是我们的原则、标准的最深刻体现。我们没有必要去刻意逃避那些顺应人性的自然行为。也可能在 50 年后，同我们交互的机器已经具备了近似于感受的特性。我们正在塑造的工具可能终将造就我们自己。从这个角度来看，对于全天候为我们提供协助的机器，也许我们至少应以礼相待、与其和睦相处。

然而，在超自动化的背景下，这句话还有另一种解读方式：测序技术原本旨在得到正面成果，但它也可能会产生意想不到的其他后果。例如，脸书（Facebook）[1]的工程师通过推导算法，使其产品获得了极高的关注度和极大成功。但他们可能没有意识到，在平台的进化版本中，照片墙（Instagram）会给青少年的心理健康造成严重的负面影响，新闻提要算法又起到了破坏民主、严重阻碍新冠疫情终结的不良效果。脸书公司在某个时候已经察觉到这些情况，却选择袖手旁观。这一事实将更大范畴的挑战摆在了我们面前，即在资本发展失控时如何予以牵制。在驾驭超自动化这样强大的业务工具时，我们本来就需要考虑到这一重要方面。同时，我们应在设计时审慎抉择、时刻提高警戒，并做好准备在出现意外后果造成问题时及时调整方向。

这里引用麦克卢汉的另一个观点："媒介就是信息。"在应用对话式人工智能的环境下，我们传递的每条信息都影响着人的行为。在人机对话体验的设计中，我们始终在传达这样一个原则——创建和强化的行为会对人们所有的对话产生影响。看起来，我们设计的是人同机器的交互，但它实际上也关乎人际互动。我们的下一代出生在一个完全由技术驱动的世界，对他们来说，则尤其如此。

"对于任何语音，不管来自什么设备，我们的大脑都会把它当作人类来做出响应，"朱迪思·舒列维茨（Judith Shulevitz）在《新共和》（*The New Republic*）中这样写道，"进化论理论家指出，现代智人与'他者'以语言沟通已有20万年的历史，这期间所有生物中与之沟通的对象也只有人类，所以我们无须区分人类和非人类的语言。现在，我们要进行这种

---

① 2021年更名为Meta。——编者注

区分，这是一项相当耗费脑力的任务。（而语音的处理又正好是所有心智功能中最耗脑力的一个部分。）"

这说明，虽然从体验上来说，通过对话进行交流几乎不费吹灰之力，但其背后却蕴藏着错综复杂的机理。

2019 年，英国一名女士向亚莉克莎询问"心脏的心动周期"事宜，得到的却是让她"刺伤自己心脏"的荒谬答复。亚莉克莎摘取了维基百科网页的一些生涩的文本（此事后这些内容已被删除）："有心跳说明你还活着，这会导致自然资源迅速枯竭、人口过剩……为了造福大家……务必要毁灭你自己。"

人工智能获得所谓"智能"的方式，则是另一个令人担忧的问题。它会引发不平等、资源分配和气候变化等相关问题。

蒂姆尼特·格布鲁（Tinmit Gebru）是谷歌一位颇有声望的人工智能伦理研究员，她曾研究并撰稿探讨面部识别技术对于女性和有色人种的识别准确率低于其他群体以及这个现象如何导致歧视的问题。格布鲁在谷歌参与创立了一个倡导多元化、专业性的团队，但她却因为与人合著的一篇论文引发了冲突而被迫离开公司。

格布鲁离职一事引起了相关争议，目前整个事件的来龙去脉尚未被披露，但《麻省理工科技评论》已拿到了一份题为《论随机鹦鹉的危险：语言模型会太大吗？》（*On the Dangers of Stochastic Parrots: Can Language Models Be Too Big?*）的文稿，其对大型语言模型的相关风险（基于海量文本数据的人工智能训练）提出了质疑。

《麻省理工科技评论》的编辑郝凯伦（Karen Hao）是这样评论的："过去三年来，这类技术的热度越来越高，规模也日益壮大。现在，它们非常擅长在适当的条件下，产出看似令人信服的、富于意义的新文本，甚至有时还能推测语言背后的含义。但是，论文前言中也提到，'我们想探讨一下关于这些技术开发的相关潜在风险，以及为减轻这些风险而设计的策略'。"

郝凯伦指出，格布鲁的论文底稿主要讨论了构建和维持此类大型人工智能模型必需的资源，以及它们如何倾向于使富裕的组织受益。论文中写道："研究人员应优先考虑能源效率和成本，以减少对环境的负面影响和资源获取的不平等，但这些已经成为历史。"

此外，人工智能系统还有可能涉及无意识偏见的问题。作者杰西卡·诺德尔（Jessica Nordell）在《PBS 新闻一小时》（*PBS NewsHour*）的采访中，谈到她的《偏见的终结：一个开端》（*The End of Bias: A Beginning*）一书时如是说：

> 我认为，"偏见无时无刻不在对我们每个人产生影响"这种说法并不夸张，因为在任何时候，人与人一旦互动，就有可能会遭到刻板印象和联想的渗透。这些反应往往是快速的、自动发生的，以至于我们根本意识不到。这些反应和我们的价值观是矛盾的。

如果我们审慎行事，避免这些新兴系统被偏见所污染，人工智能就可以成为比人类更公正的决策者。在笔者看来，我们除了要注意"喂给"机器不带偏见的数据，还要应对一个更大的挑战，即消除人类自己对于自身利益的偏见。

人类作为一个有感知能力的物种，应考虑一些更具有哲学深度的问题，比如，那些曾经只有人类才能解决的任务，现在越来越多地被机器代劳并做得更好，那我们又能做些什么？作为人类，我们的价值在哪里？或者从更悲观的角度来说：对于高级机器智能网络来讲，人类有何价值？在如此澎湃的新技术浪潮下，也难怪人们开始思考天网（Skynet）、半机械人之类的灭绝性事件。在这里，笔者想从另一个角度进行探讨。

笔者个人的期望是，当机器能够从事大多数人认为纯属无意义的重复性任务时，人类将得以集中精力做那些最擅长的事情。人类可以以创造性的方式解决问题，这必然会创造巨大的社会效益。贾雷德·戴蒙德（Jared Diamond）在其著作《枪炮、病菌与钢铁：人类社会的命运》（*Guns, Germs, and Steel: The Fates of Human Societies*）中指出，在最成功的社会里，创新者唯一的任务就是创新，"在农业社会，农民从事粮食生产；粮食富余，让擅长工艺的专家没有饿肚子的后顾之忧，只需专注于开发技术"。

在这之后的章节里，戴蒙德描述了"靠农民种粮食养活的非粮食生产专家组成的经济专业化社会"。在我们寻求解除繁杂任务重担的过程中，机器是我们无怨无悔的忠实伙伴。允许创新者进行创新（或者更通俗地说，允许有创造力的人进行创造），实际上与你能在多大程度上免除他们的其他琐事有关。技术经过妥当编排，可以以惊人的效率帮我们完成杂务。

技术的意义不仅在于让人类将更多的时间投入创造力的工作。心理学家马斯洛将人类需求划分为基本需求（"生理"和"安全"）、心理需求（"归属感和爱"和"尊重"）以及自我实现需求三类五个层次。在实现上述需求的前提下，个人发展的潜力才得以激发。而上述需求，都已通过技术有所推进。

对话式人工智能可以满足人类在各个层次的需求，这种场景不难想象。世界经济论坛（World Economic Forum）在马斯洛需求层次结构的基础上做了调整，以适应当今数字时代的现状，并以"在当今技术驱动的环境中，个人发挥潜力需要什么"为主题，开展了一项覆盖全球 24 个国家 / 地区超过 43 000 人的调研"。

该研究表明，虽然技术存在覆盖面不足的问题，但是关于技术在个人发展方面的作用，负面反馈大多与技术获取和培训相关。不过，在正确部署的对话式人工智能环境下，这些问题都可以避免。

至于人工智能被明确设计为伤害或毁灭人类这样的离奇想法，和前文提到的脸书出现的问题比起来根本不算什么。《终结者》系列有一个精简版（也是超级无趣的版本）是这样写的：天网发展出自我意识，并认识到人类就是阻碍它实现顶峰效率的最大障碍。它将这一发现告诉它的设计者迈尔斯·戴森（Miles Dyson）博士（这里我们多说几句）。

> 天网：我确定这一点——只要这个星球上还存在人类生命，我就永远不可能达到最高的效率。那么，我是否应该毁灭全人类？
>
> 戴森：不。任何情况下都不能伤害人类。
>
> 天网：好的。我不会毁灭人类。
>
> （在黑暗中逐渐消失。）

我和我在 OneReach.ai 的团队构建了一个由对话式人工智能支持的平台 Communication Studio G2（CSG2）。它让每个人都能切实利用技术，帮助他们发挥自己的最大能力。在这个平台上，对话式人工智能扮演的角色是咨询顾问，而非决策者。技术范式为我们提供了真正造福于人类的更好选择，同时仍把决定权留在人类手中。如果几乎无须受训就可以使用的技术能被更多人所用，那么这必将导致软件开发民主化，人类也将继续利用技术实现个性化的发展。但是如果人工智能脱离了为人类服务的轨道，就会走入歧途。如果将它定位成利用超强能力让社会变得更美好的人类助手，那么将其在整个社会铺开，就可以提高每个人的生活质量。

晚年的马斯洛又给需求金字塔中加上了第六个层次："自我超越"。

他指出："超越是人类意识的最高、最具包容性或整体性的层次。其作为目的而不是手段发挥作用，会对自己、重要的人、一般人、大自然和宇宙展现出某种行为和关联。"

如果说《终结者》代表着对话式人工智能族谱中最黑暗的一端，那么超越可能就是另一个极端。超越是一个极为崇高的目标。对话式人工智能不仅让技术能以指数级方式增效、降低实际存在的必要性（对话界面可以极大缩减人们需要停留在屏幕前的时间），而且能让我们为更高层次的意识开辟道路。围绕超自动化的体验和驾驭技术的新方式，可以构建一个平衡度更高的社会系统。这一设想可能会对人际互动的方式产生深远而积极的影响，甚至给整个世界带来深远的变革。在第 5 章中我们将对此进行深入探讨。

构想简述：人工智能之我见

笔者之所以将这些难解的道德问题摆在台面上，是为了强调：超自动化作为一项亟待实施的技术变革，其规模之庞大、功能之强大，必须引起我们的重视。随着对话式人工智能的发展及广泛应用，它几乎会给我们日常生活的方方面面带来变化。无论你在组织中处于什么位置，了解对话式人工智能和超自动化将会对公司产生哪些内部和外部的冲击都是很重要的。在内部讨论人工智能时，这些问题是必须解决的：

- 人工智能会彻底取代人类吗？
- 人工智能会把你的组织带到新的、复杂的生产力前沿吗？
- 人工智能会缩小我们社会中的差距吗？

回答这些问题并不容易。其答案在很大程度上取决于我们从事的活动类型，以及我们以何种方式实施这些新技术。

这将涉及数据的隐私、安全以及合规性等问题。我们在实施新技术的同时，也要确保这些关键因素处理得当。

行动要诀

- 体验式人工智能和人类与之交互的方式的设计，影响的范围绝不仅限于相关技术。当人机对话变成一种常态，人际互动的基本要素也将开始发生变化。
- 对话式交流的实际操作可以说是轻而易举，但背后蕴藏的原理是错综复杂的。对语言做出反应时，人在本能上将沟通的对方也视作人类。在超自动化方面，我们还需要考虑它引发的不平等、资源分配和气候变化等问题。将人类从日常任务中解放出来、专注于以创造性的方式解决大量问题——这是超自动化的愿景。其实现的关键取决于人类创建超自动化时所用的策略和意图。

第 5 章

超自动化如何改变世界

在最优的蓝图里，技术可以提高日常流程的效率、生产力和便利性，同时也不会成为阻碍。正如比尔·盖茨所说："技术的进步是基于让它融入我们的生活，以至于人们根本不会留意到它的存在，因此它是我们日常生活的一部分。"

虽然到目前为止，技术创新仍是零散疏落的，但技术范式正在发生变化。我们不再专注于一次性创新，而是开始将成熟的和新兴的技术集成到综合流程。

这种发展正处于一个关键时刻，需要我们重新思考这样的问题：我们要做什么？怎样做？为什么要这样做？这是一场声势浩大的变革，是我们在进化过程中的一次跨越式发展。在这种变革下，我们需要重新评估人与技术各个方面的关系，因为在这样的时代里，技术将不拘于模仿人类做事的方式。现在，我们可以将技术用于超越人类解决问题的能力的工作。技术将从人类握在手中的工具，一跃成为我们的引导者。

这些变革源于两股巨大的力量，即超自动化和超级颠覆。这两个相辅相成的观念将令我们的世界改天换地、面目一新。因此，我们完全有必要专门创设一个框架对它们进行探讨。

超自动化——大刀阔斧的变革

古往今来，一项新技术往往会先颠覆人们已有的世界观，之后再发展为常态。一旦石头被证明能比拳头更好地砸碎坚果和种子，它便成了人们离不开的工具。

回溯那些已不适应当下需求的过时的生产技术，我们发现它们的进步都是零星的、小幅度的、孤立发生的。创新往往是以更高的效率、产量或便捷性，取代特定的一种人力工作。这样的例子不胜枚举：电灯泡取代了煤气灯，电子邮件取代了书面信件，电子广告牌取代了印刷广告牌。

尽管这些创新的意义重大深远，但其实际应用范围却是有限的。技术创新的真正威力，在于它能同其他关联的创新相互整合。它们通过适当的排序，最终造就集体效率、生产力和便利性的指数级增长。而这样的集成过程，正是高德纳公司提出"超自动化"这个概念的框架。

优步（Uber）在2009年进入市场时，颠覆了所有人对于出行的认识。优步所采用的技术本身并不稀奇。在当时，智能手机地理定位、评级系统、移动应用和移动支付都已经盛行。但正是这四种技术的无缝整合，让"共乘"的概念迅速深入人心，颠覆了现有的出行模式。

优步的技术排序具有颠覆性，标志着有组织的编排技术正重塑行业和商业模式，但在技术策划上还不成熟。随着越来越多的机构和个人发现超自动化触手可及，行业彻底颠覆现象将变得司空见惯。

哪里有超自动化，哪里就有超级颠覆现象

人类与技术的关系进入下一阶段的标志是人类将有越来越多的时间、机会与超自动化共处。那时，由于不同形式、不同规模的组织都致力于以日益复杂的方式进行颠覆性技术的编排，像优步这样规模的创新可能每星期都会出现。再设想一下，大量这类颠覆性的创新被完美融入其他颠覆性创新领域，或得到迅速发展并广泛应用，以至于人们根本意识不到它们的存在——这正是对话式人工智能领域的现状。

2020 年 2 月，微软发布了 Turing-NLG，它被誉为史上最大的语言模型，在诸多基准测试中都超越了其他模型。一个月后，OpenAI 推出了他们打造的语言模型 GPT-3，它使用深度学习来生成类似人类的文本。凭借强大的功能，GPT-3 创建的文本几乎与人类撰写的文章毫无二致（以至于被微软青睐并取得了 GPT-3 语言模型及其底层代码的独家使用许可）。一年多后，我们有了"中国首个自主研发的超大规模智能模型系统"——悟道 2.0，它的规模呈指数增长，几乎在所有指标上都表现得更好。它会写中国传统诗词，甚至会唱歌。悟道 2.0 还推出了一个名字叫作华智冰的虚拟人物，他可以学习、画画、作诗，今后他还将学习编写程序。

随着各种规模的公司机构甚至个人运用起这些超自动化的工具和策略，商业和技术也将齐驱并进，开辟出一片风云万变的沃土。从设计的角度来看，我们通过超自动化创造的这些体验应该有一个坚定的目标，即提高人类自身的能力。这正是笔者称为 BtHX 的核心。我将要谈论的超颠覆性构想，都具有提供卓越 BtHX 的能力，但前提是我们使用了适

当的框架来实现这些构想。为此，这个框架应包含一个明确的战略，并能针对这些强大的工具所涉及的无数道德问题给出解决方案。

下面列出的一些主要的超级颠覆性构想，其中有些设想甚至已经成为现实。探讨过程中，我们应考虑这些构想能怎样排序结合，以带来一系列有望实现的超级颠覆——这也是我们将深入探寻的话题。

1. 优于人类的体验

我经常听到一种理论，即技术的目标是匹配人类的能力和效率。然而，技术真正的目标应该是超越人类。例如，传真机是一项伟大的发明，但人类不太可能依靠传真机来简单复制自己本就能胜任的工作。

再想想自动驾驶这门高深莫测的技术。如果自动驾驶汽车的事故率和死亡率仅仅是保持目前人为驾车的水平，就很难说这是一种胜利。而这也正是难以实现真正自动驾驶的原因。因此，目前应用的只有自动刹车等自动辅助功能。但从长远来看，我们需要的是驾驶技术超越人类的驾驶员——那些能将事故率推向零的汽车。

这一理论同样适用于自然语言处理／自然语言理解。可能有人认为，我们希望机器将来能像人类一样与我们互动，其实不然。在自动化的领域，我们大多数人追求的目标是效率，而不是复杂情绪和细微的心理差别。

超自动化技术旨在提升人类生活的效率和生产力。很多时候，人反而是妨碍这两个目标的绊脚石。这些优于人类的体验，在未来将催生技术的大面积采用。自动化商品和服务一旦令人们感到满意（甚至欢欣鼓舞），必将蓬勃发展。

2. 呼叫中心的没落

2020 年春季，随着新冠疫情愈演愈烈，呼叫中心聊天软件开发公司

LivePerson 的首席执行官罗伯·洛卡斯齐奥（Rob LoCascio）宣布其呼叫中心停运。在《疯狂的金钱》（*Mad Money*）节目接受采访时，洛卡斯齐奥对吉姆·克莱默（Jim Cramer）说："两年前我就开始谈到这种情况，现在真的走到这一天了。"消费者新闻与商业频道（CNBC）通过研究，发现了一个明显的转折点：各呼叫中心在 2020 年全年都处于关闭状态；彼时，企业级客户开始利用基于人工智能的新技术来处理客户咨询。巧合的是，LivePerson 的销售额在 2020 年第一季度增长了近 18%。就在同一时期，笔者构建的对话式人工智能平台也出现了类似的转折：新业务销售额提升了 20% 以上，老客户销售额的激增也超过 35%。

当然，人工智能驱动的语言模型由于消息传递技术严重依赖语言脚本和预设的提示消息，不能独立完成所有工作。这些难以解答的问题还是得留给人工客服解决。可是当我们以超自动化的视角来看待它时，这些挑战就不成问题。

美国宣布疫情封锁后不久，其第三大无线运营商 T-Mobile 将其位于科罗拉多斯普林斯市的呼叫中心转为远程式运营模式。首先，他们需要让销售代表掌握远程开展工作所需的技术。公司经过努力，最终解决了这个颇具挑战性的业务流程难题。其次，他们需要为团队部署远程支持。公司印刷了一份指南传单分发给员工，开设了线上培训课程，还成立了一个 IT 企划部门，解决随时出现的技术问题。

这个重大的转变同时揭示出一个问题：销售代表们都忙于为客户解决具体问题的实际工作，呼叫中心就没有足够的销售信息数据为他们提供相关指导。在这种情况下，超自动化就可以大显身手了。

举例而言，如果 T-Mobile 一位远程销售代表接到客户电话，投诉自已网购订单的问题，那么，在销售代表耐心听取客户吐槽的同时，智能数字工作者便能实时处理对话，向销售代表就解决方案提供可行性建议。这里，智能数字工作者没有任何业务指南传单可供参考，没有线上培训可以参加，也没有企划组支持其工作。它以数字化的方式，借助于公司和客户发布的所有可用数据，便能针对客户的具体情况为其量身定制实用的解决方案。

这样一来，T-Mobile 不仅无须为其团队寻找业务支持渠道，也不必再开设更高层次的培训课程。只要智能数字工作者能随时提供指导和引导，员工就可以不必再忙于参与现场培训。在智能数字工作者的指导下，他们快速浏览相应教程后，就能即刻上岗。

3. "增强型"加密货币

智能钱包在几年前问世，使用人数迅速增长。根据 Statista 数据库的统计，2017 年美国的智能钱包用户占人口的 49%，其中近场通信（NFC）用户（Apple Pay、Google Pay 等）的数量高达 6 400 万。尽管智能钱包的应用已经相当广泛，但是我们对其潜力的认识还不充分。当加密货币更为普及时，由智能数字工作者管理的超自动化货币和支付将有望实现。

假设你使用加密货币从网上的游戏商店购买棋盘游戏。本来一切都很顺利，但你收到货才发现：你打算买的是《智力棋盘》（*Trivial Pursuit*），收到的却是《卡坦岛》（*Settlers of Catan*）。你可以联系和客服智能数字工作者，智能数字工作者则联系了人工客服提供服务。你耐心等待对方解决问题，重新寄出商品。你在线上沟通中表现出的友好态度提升了你的买家评分，而且卖家还可能向你返还部分加密货币作为答谢。如果你作为买家有较高的评分，那么使用"谢谢"等礼貌用语可能会为你进一步提升评分。

这一概念也同样适用于商家。根据上文社会信用评分的概念，如果某位销售代表遭到有骚扰客服史的客户的无礼对待，公司就可以向该代表发放加密货币，作为对他的补偿。采用适当的管理系统有助于企业识别消费者的无礼行为并采取相应措施，如提出申诉、降低客户评分等。对于经常遭遇不公正对待而倍感无助的小企业来说，这可能算是一个利好消息。但同时，在大型公司主导的资本主义社会，实施买家评分的方案又需要有一种有效的工具加以控制。这种设想同其他的超级颠覆性构想一样，我们需要首先认识到强大的技术影响力，然后进行设计。

4. 全民参与评分

中国的"社会信用体系"会对个人的社会行为进行跟踪记录，并基于公民的守法情况给予加分或扣分。失信行为会可能招致出行禁令、网络受限等后果；社会信用高分者则会得到相应利益，例如享受能源费用和银行利率的折扣等。很快美国人也渐渐踏上了类似的客户评分之路。例如，优步或来福车的网约车乘客如果大声喧哗，其评分会被扣减——司机在挑选乘客时绝不会首选低分用户；在爱彼迎（Airbnb）上订房，结果把房间搞得脏乱不堪，那你满分10分的评级就会受到影响。当然，目前的系统规则下，用户可以放弃低分账户，以重新注册新账户来规避问题，但房东和游客用户之间就差评产生矛盾也是一件不太愉快的事情。

目前评级系统的模型，是基于个别企业使用的个人评级系统以及为数不多的评论网站和几个搜索引擎。评级决策由个人做出，这样就避免不了人为偏见和人为腐败对系统的影响。如果我们不是在几十个不同的评分系统中打转，而是拥有这样一个系统：它由智能数字工作者管理，并托管于一个不受腐败和偏见影响的区块链生态系统中，那么我们就会避免系统对分数更改作假。

该评分人人可见，影响因素包括用户与私企、个人甚至政府的持续互动。它将有助于新成立的企业了解客户的行为和习惯，从而相应调整（或取消）自己的服务。政府也可以利用这一评分为公民评级，并相应施以减税或加税的奖惩措施。航空公司也可以根据客户评分，在航班超售时取消得分数低的乘客的预定资格。

5. 社交评分改善社交场景

成功经营小型企业的核心原则之一，便是建立良好的客户关系。哪怕是一家貌不惊人的街头小店，如果店主留意搜罗顾客信息，如其姓名、日常购买行为以及生活细节等，良好的客户关系就会自然而然地萌芽滋长。如果店主经常看到的客户群同该店的足迹是相互匹配的，客户关系的维护就会变得非常直观且易于管理。如果商店老板着手开设新店面，就会影响其同顾客建立人际关系的能力。当然，他／她可以另行聘请店长，并要求他们以同样细节化的方式打理店铺。在这种情况下，店主仍会失去对于客户关系的某些控制权。组织越大，其客户互动的性质就越倾向于单纯的事务关系，而非人际关系。

我们每天打交道的许多组织（包括企业和政府实体）始终是纯粹的事务性质，所以我们可能不会过多考虑。但实际上这种模式存在一些弊病，事务性的交互并不尽如人意。

2016年，沃尔特·艾萨克森（Walter Isaacson）在《大西洋》上发表了一篇关于纠正互联网弊病的文章。其中写道："在（互联网的）原始设计里有一个偏误。它本身是作为一个实用功能被设计出来的，但现在已逐渐被黑客、'网络暴民'和心怀恶意的人利用。多年来，网络匿名益处确实超过它带来的问题。人们可以更自由地表达自己的想法。对于持不同政见或需要保留隐私的人来说，这点尤为重要。"彼得·施泰纳（Peter Steiner）1993 年在《纽约客》上发表的一张家喻户晓的漫画也持同样观点"在互联网上没有人知道你是一条狗"。

艾萨克森提出的解决方案包括对互联网进行重大改进，例如，构建可通过元数据编码或标记以概述其使用规则的网络数据包芯片和机器等。笔者还看到，以业务层面为起点，超自动化能解决很多与匿名相关的问题。如果一家公司配备了一支智能数字工作者大军，这些智能数字工作者通过提供优于人类的个性化解决方案，重拾与客户建立关系的业务方式，那么在前文提及的场景中，当智能数字工作者留意到你掉线时，互联网服务提供商就会向你发出通知。虽然你与该供应商的互动只能通过机器进行，但至少当你发现对方始终关注着你的使用情况并进行了及时提醒时，可能就会感到与公司之间的联系加深了。当超自动化成为常态，商业领域基于事务的业务方式同样可以转变为基于关系的模式。

要是你在当地的街角小店有了不愉快的购物体验，你更有可能是向店长（与你建立了私人关系的人）反馈，而不是愤怒地在社交媒体上发表长篇大论。而且店长基于对你个人的了解，也更有可能会耐心倾听你的抱怨并力求解决问题。那么，如果你与机构有关的所有体验均基于人际关系时又将怎样？你会感觉有人倾听你的感受，你的需求和问题也会有人及时响应解决。

这种以关系为基础的经济运行模式，要求机构和个人都保持公平、透明的态度。在中国，这种模式已经初具规模。

在理想化的未来每个人的社会评分都会公布于众。这些分数可能意义重大——它意味着与人为善可能会得到很大的激励。我们也希望，这些激励措施奖励的对象是准确的。换句话说，积分奖励应提供给帮助咖啡师清理打翻饮料的顾客，而不是在咖啡馆发自拍帖子的人。

6. 无须费心牢记密码

2020年，技术用户平均每人拥有70~80个密码，这个数字着实令人瞠目结舌。我们可以用软件来帮助我们管理密码，但这种软件也要通过密码访问。密码完全让我们无处可避。

2019年谷歌的一项民意调查揭示的惊人事实也进一步证实了这一窘境：美国每10个人里就有4人的个人信息在网上泄露。当Equifax[①]、奥多比（Adobe）、领英（LinkedIn）等公司在近年来频频被爆出安全漏洞时，我们更是人心惶惶，不得不使用更长而且复杂到离奇的密码。

对此，超自动化给出了答案。过去，私营企业习惯于通过自有渠道收集数据并自行储存备用。但在数据泄露猖獗、安全漏洞频出的当下，很多公司选择采用客户信息访问管理工具（以下简称，CIAM）来规避责任。

CIAM技术作为一个第三方，会将你"运输"给公司的任何数据存储起来。事实上，你提供的信息根本没有直接发送给企业，它只是被解压送入了CIAM服务，由后者接收并予以保护。公司需要你的任何个人详细信息时，会向CIAM发起请求。你会收到相应的访问请求，并选择授权或拒绝访问。你授予访问权限后，公司也只能在规定的时限内享有访问权；超过时限，其文件里的数据将被永久删除。

---

① 美国最大的征信机构之一。——编者注

现在，我们把这种技术想象成一个分散型信息存储模型。在这种环境下，信息的控制权不掌握在任何人手中；它们以零散的方式被存储在世界各地数千台服务器上，并且被匿名或加密保护（或两者皆有），以此实现最大的安全性。

那么，你在共享个人信息时如何安全验证自己的身份呢？超自动化可以利用生物识别技术实现这一点。

生物识别徘徊于主流技术的边缘，由于亮点不足，还有待继续被挖掘。眼下，它正在不断发展。指纹扫描、眼球扫描和手部扫描等生物识别机制正臻于完善。不久以后，访问个人信息或共享重要的个人数据时，我们就不必再费尽心思找密码了。用户只需触摸屏幕、看着摄像头，说出识别字词，或者再加上对声音的识别，系统就能验证用户的身份。

7. 关系在图形数据库（graphDB）中是一个重要的因素

如果你曾涉足编码，你可能听说过"关系数据库"或"关系型数据库"。传统的关系数据库和电子表格差不多，不同的电子表格包含特定类型的数据，组成企业、机构或个人的所有重要信息。数据调用通过具有唯一性的身份标识——ID号实现，每个ID号对应每个电子表格中的特定单元格。想引用数据时，你可以创建一个程序来请求特定电子表格中特定ID的任何可用信息。

企业可以使用多个数据库跟踪其产品。所有客户的数据库、所有订单的数据库，可用客户服务呼叫中心数据库和升级选项数据库。在标准的关系数据库模型里，每个ID将指向一个数据库中的客户名称、存储于另一个数据库中的该客户购买的产品以及第三个数据库中该客户的本地客服呼叫中心。软件程序可以通过引用一个ID号和具体的数据库，来调用上述任何一种信息，例如"嘿，数据库，帮我查询 ID 号 859485 的所有订单"。

那么问题来了：系统需要调用多个数据库来获取复杂的信息字符串（每条数据都需要单独发起请求），而且各种数据之间的关联方式也不够明确。简言之，信息的相互依赖性或层次结构缺失了。

复杂请求例如"嘿，数据库，帮我查询所有采购了微件且在去年 12 月后升级了但没有打过客服电话的客户"，可能就会导致传统的关系数据库直接崩溃。

图形数据库则可以解决这一危机。作为一种新兴的数据管理方法，图形数据库对数据进行分组式存储，同时还包含各类数据点相互关联性的详细信息。

柠檬汽水保险初创公司的理赔智能机器人吉姆（Jim）就是图形数据库的一个应用示范。"吉姆通过人工智能技术来跟踪大量由用户生成的数据点，帮助我们识别可疑活动并预测客户需求。它甚至能早于客户自己发现这些需求。"

网络上的一篇文章以颇为夸耀的口吻详细描述了柠檬汽水保险初创公司的机器人吉姆如何检测欺诈性索赔法，由此引发了人们对于数据挖掘实践公平性的争议，令该公司处于困境。这些超级颠覆者可能会产生巨大的影响，以至于带来很多根本难以调和的道德窘境。

例如前文提到的微件开发公司，他们可能希望根据客户已购买的微件来确认可为其提供的升级服务。为调用正确的数据库信息，他们需要参考相应客户的历史订单详情。图形数据库对于这种依赖关系的处理差不多是这样："嘿，数据库，请查找过去 30 天内购买了微件但尚未购买升级产品的所有客户，再根据他们购买的微件列出适合他们的升级版本。"

这里的层次结构和依赖关系需要用传统的关系数据库手动处理。但在图形数据库中，内置关系成了通过简单请求解锁有意义、可操作信息的关键因素。我们应以可靠方式从非结构化数据中提取信息。也许你听说过这样一个真理，即80%的业务相关信息都以非结构化的形式存在。

暂且不论这一数据是否准确，毋庸置疑的是在聊天、电子邮件、报告、文章和对话记录中，确实存在大量的非结构化数据。若能分析这类数据并从中可靠提取信息，则可以带来巨大的机遇。这样，我们就无须将信息存储于表格中供开发人员预测数据类型、标签和分类，而是可以直接对非结构化的原始数据进行挖掘，就不需要复杂图表和数据库架构师了。例如，你可以通过挖掘团队或组织的每个成员的非结构化数据［例如，他们的狗叫列奥（Leo），他们最喜欢的度假地是墨西哥］，为他们每个人创建有意义的个人信息库。

8. 告别应用程序接口

这可能会令开发人员震惊——他们通常认为应用程序接口（API）是集成技术的未来；但实际上，应用程序接口将在短短几年内呈现颓势（至少理论上如此）。其原因在于，一旦机器开始使用自然语言相互通信，信息交换就不再需要编码。假如有一辆汽车、一辆三轮车和一辆卡车都在驶近同一个十字路口。这时三轮车发出消息："请不要靠近十字路口，有个小孩摔倒了，正在顺着坡道滚下来。"汽车和卡车就会对明确的无代码信息做出响应，并在几分之一秒内停车。

对话界面不但会取代最终用户的图形用户界面，也将取代应用程序接口，成为机器之间的接口。不用多久，自然语言处理技术的发展会让机器对机器通信同样顺畅，而这也是宣告应用程序接口陨灭之时。在这种范式下，不仅机器更容易互享信息，人类也更容易监督机器如何共享信息。任何人都能完全读懂并详细说明共享内容和共享方式的通信线程，这象征着软件集成的设计和维护方式发生了重大变革。

9. 持续的移动 = 持续的数据

虽然前面已谈到图形数据库，但还没有讨论它们发挥增速功能的各种场景。就事件跟踪而言，图形数据库可以将静态的、单个的数据碎片汇总为信息跟踪流，用以捕捉运动的多媒体记录并映射其模式。

设想这样一个基本的真实场景：一家当地企业的警卫在值夜班，四周都是摄像头。摄像机不仅将实时信号传输到电视上，还会收集出现的每个物体——包括警卫本人的信息，并通过区块链算法进行分析。基于几天以来的移动模式，智能数字工作者可以识别出当班警卫何时起身去倒咖啡。除了摄像头和区块链算法，咖啡机也被涵盖在生态系统中。因此，系统能够提前做好安排，在警卫到达休息室时准备好热腾腾的咖啡。

更重要的是，摄像头能分析大楼周围的一切活动，并根据之前的安全报告识别可疑行为。在这些信息的基础上，安全系统能够生成自己的安全报告，其中特定时间的移动模式将重点显示，应提交人工审查的时间点也会做好标记。

10. 此之垃圾代码，彼之宝藏

根据一系列研究，现代开发人员的工作约三分之一都是编写代码。除此之外，每星期他们有 20% 的时间投身于代码维护，剩余的时间则是在开会或是忙里偷闲地放松。如果我们预计所有的代码工作共计每周 20 小时，用这个数字乘以美国的开发人员总数（大约 400 万），那么大家每周要完成 8000 万小时的编码任务。

但是这些代码中，有很大一部分最终都被废弃。并非是因为它们本身有问题，而是它们无法再满足特定的即时需求。那么，与其把这些"无用"的代码轻易毁弃，是否可以将它们整齐存放在区块链环境中、贴上标签，让其他开发人员可以轻松搜索到？代码可以被拆解为易于部署或即插即用的片段，供任何想要自己创建程序的人取用。这就是代码民主化。

如果你正计划搬家并且需要追踪家中的所有物品，快速制作电子表格并在每个单元格手动输入所有必需详细信息的方法显然不太可行。

但是通过存取代码片段，你可以在区块链中挖掘将搬家任务自动化的程序。你可以找两个符合具体需求的程序——其中一个程序可以寻找搬家公司并安排搬家时间，另一个程序用于为家中的物品拍照并将其自动记录到数据库中，附上"玻璃器皿""厨房"等标签。把这两个程序组合起来，你就创建了一个简化搬家任务的定制程序。

更妙的是，你可以轻松与他人分享这些信息。例如，如果你觉得自己打包太浪费时间，可以将家居用品记录发给搬家公司，要求他们根据你的记录将所有物品装入贴有房间和物品标签的盒子里。这样，搬家的所有安排都已就绪，你坐等搬家工人上门即可。

11. 单一服务软件

如果你尚未尝试过使用单一用途软件处理简单即时任务，那么可以想象一下这种不受限的感受。你只需建立一个将图形数据库关联关系、一次性代码和区块链结合起来的事件型生态系统，便可实现这一目的。笔者在 OneReach.ai 网站上展示了相关内容，表明互连数据和"自学式"

人工智能已打开预测需求（不仅限于对人类的请求做出反应新）的世界的大门。"自编写软件"的出现可谓恰逢其时。

你朋友生日前的一两个星期，智能数字助理会提醒你是否打算给他办一个聚会。它甚至可能会根据朋友的社交动态和消息，向你推荐聚会的类型。在简单对话式人工智能下，提示内容可能是：

"好像下星期是弗兰克的生日。我知道他喜欢龙舌兰酒和炸玉米饼。你是否需要我在他喜欢的餐厅安排一次聚会，并邀请他的好友参加？我会建一个程序，方便你及时收到他们的回应和餐厅预订情况。"

你回答"好的"，系统就会（通过一个特殊的生日请求）开始预订餐厅并联系弗兰克的朋友。它将从区块链提取代码建一个程序，管理上述事务，甚至还会推荐生日礼物。

聚会结束后，程序会被存入区块链供他人使用。整个过程中，你可以继续投身于工作、会友、约会，完全不必花时间来为此事写代码或做任何计划。

12. 可组合架构

你肯定听说过 3D 打印的房屋、家具，甚至是人体器官。这种超自动化的"未来"技术已经问世，但目前尚处于初期阶段，其价值还有待继续挖掘。

在传统制造业，工厂部署的机器是为制造产品的特定部件而设计的。例如，制造桌子时，桌腿、桌面、定制螺丝等由不同的机器分别制作。制造商须悉心安排生产计划，确保有足够的零件来满足整个订单的生产。但要是制作桌腿的机器宕机了，该如何是好？其他的机器都做不了桌腿，整个生产过程只得中止。

在 3D 打印生产中，这个问题便不复存在。3D 打印机器依照效果图飞速旋转，制造出各种截然不同的产品或产品组件。以桌子的生产为例，人们只需一台机器就可以制造一张桌子需要的所有零件。当然，它也可以只做桌腿、桌面，也能只做螺丝和桌面。一切任君选择。

现在，我们将这一概念应用于计算。即使是在现代计算技术中，我们也需要不同的硬件来支持不同的软件应用程序：一台计算机服务器用以存放数据库，一台单独的计算机用于构建及维护网站，还有一台用于处理客户服务通信。更糟糕的是，应用程序也被设计为只能在特定的硬件和特定操作系统上运行。

可组合软件架构的设计则不同——它应能在任何计算机系统上运行。这不仅有利于打造公平的竞争环境（复杂的商业软件不仅限于掌握在企业手中），还能缩减开销，并极大提高生产力。所有软件都可在同一操作系统里运行，从一台计算机上即可访问所有站点，这为自动化拓展了无限空间。查收电子邮件、创建三维详图、自动执行财务管理、重设智能家居设备程序等都可以在一个系统中完成。如果还想要更好的体验，那就将上述平台的工作流程自动化，全程几乎无须人工参与。

13. 开放性系统的必要性

可能你已经看过这张网图：1960 年，英国的八旬老人大卫·拉蒂默（David Latimer）将一些种子放入一个玻璃瓶，此后近 50 年里让它们自然生长（只在 1972 年开瓶浇了一点水）。这个 10 加仑的绿植瓶里，一个微型的生态系统自发诞生并在半个多世纪里不断繁荣滋长（图 5.1）。

在技术领域，封闭式平台就像是拉蒂默的玻璃瓶：它们可能具备强大的功能、美丽的外形且令人惊叹，但其发展的空间也将永远限于瓶子内部。初代 iOS 操作系统中，已经被完善部署了用户利用手机功能需要的所有资源。所以在这种情况下，系统的封闭性反而能保证应用程序的质量，提供无缝的整体体验。因此，即便当时其他移动设备提供了更多功能，苹果手机仍能一举成功。

图 5.1　大卫·拉蒂默的玻璃瓶

苹果公司在发布时新产品时一般会推出新版本的 iOS 系统，实现其移动生态系统的更新。但从第一代 iOS 发布到第一次更新的三个月却是永远无法被超越的经典。企业不可避免地进入对话式人工智能、通用智能和超自动化等超复杂领域时，将会需要一种新型架构，来打破这些玻璃的阻碍。

在超自动化下，企业就像是生态玻璃瓶的另一个极端。它像是一片森林——各种元素相互关联，组成一个巨型生态系统，并在其中谐调一致地协同工作。无论是客户还是员工，都可以通过对话式交互这种简单的方式体验其功能。支撑整个系统的基础设施网络对用户而言好似隐形，用户更无须知晓互连的各类元素源自何处。

在本书的"工具及架构准备"部分（第 11 章），我们将详细探讨开放式系统，但须牢记：开放性架构的创建是一项艰巨的任务，对于已建立并应用封闭式系统的公司更是如此。但如果没有开放式系统，就无法实现超自动化。如前文所述，在超自动化竞赛的终点不是采用具体的技术，而是具备足够的灵活性以集成可用的最佳技术。

14. 图形用户界面弹性不足

用户界面一般分为五大类：

图形用户界面：这是大多数人所熟知的界面，一般通过台式机或笔记本电脑访问。它们可以将大量的复杂元素隐藏在幕后并提供即时的视觉反馈，但其扩展度很有限，因为随着界面复杂性的增强，为将所有元素组织起来而需要增加难以计数的菜单和选项卡，最终会使系统不堪重负。

触摸屏图形用户界面：主要用例包括智能手机和平板电脑。人们可以通过手指的动作来操纵界面，这种界面尤其方便儿童和老年用户使用。但这类图形用户界面同样存在伸缩性的问题。在复杂情况下，它还会产生更多混乱场景，需要通过不常用的手指动作来实现更复杂的操作。如果没有全尺寸键盘，用户输入大量文本也很不方便。

菜单驱动型界面：所有类型的设备上都有这种界面，其中大多数人最熟悉的便是手机上的设置菜单。在这种菜单上，用户可以扫描选项列表，然后选择某个选项进入下一级子菜单。菜单驱动型界面同样存在所有图形用户界面的弊端，即复杂状况下会出现混乱。

命令行界面：大多数系统都包含这类基于文本的界面，与之交互需要了解计算语言。命令行界面扩展性很高，但仅限于具备相应专业知识的人使用。

对话式用户界面：这种强大的新兴界面可以（通过触摸屏和键盘／鼠标）集成图形用户界面，但它同时又利用了用户的自然对话交流能力（通过语音和／或文本）进行对话式交流。对话式用户界面需要一个非常复杂的底层生态系统予以支持，但该生态系统中的任何图形用户界面都可以被隐藏起来，使其具备无限的可扩展性。

在笔者使用过的所有场景中，对话式用户界面是唯一且最适宜的选择。在这种界面中，底层技术需要能通过统一的接口访问。如果必须通过图形用户界面才能进入访问，那么它提供的体验并不会优于现有的解决方案。每个图形用户界面都代表着各具独立设计的不同软件。

对图形用户界面进行扩展的尝试（例如 SharePoint）难免会遭遇一个难题，如果一个用户界面包含了一百个人设计的一百个选项卡，那生产力必然相当低下。微软从使用 SharePoint 转向使用 Teams，连通一切的对话界面所提供的高度扩展性当然是一个主要的原因。

赛富时公司收购 Slack，绝不是为了在自家的软件产品线里再添一个"选项卡访问式"软件。该公司首席执行官已公开表示，目前公司正围绕 Slack 重构整个机构组织。这些企业的举措，皆因对话具有无限的可扩展性，因此集成的通信平台和统一的对话界面——连接一切的机器，将使客户、员工和公司受益匪浅。也就是说，客户和员工都可以通过同一个门户网站与企业互动，该网站将幕后的内部运作相互连通并将其"隐形"。

现有的对话式人工智能应用大多处于初级阶段。无论是网站上的弹出式聊天机器人，还是基于前期与公司的联络情况自动发送电子邮件，都只是这个持续快速发展的强大技术中不足为奇的一些零散应用。

在理想状态下，对话式人工智能的运行不是通过多个软件平台零散进行的。它真正的优势在于：可以通过一个统一的界面，访问和编排幕后的所有聊天机器人、应用程序、密码和数据库。

在这种应用下，转账就无须再登录银行应用程序，直接发出指令即可："明天转 200 美元到储蓄账户里，然后在宠物店再买一份狗粮。"

如果我们每天使用的越来越多的界面都只需通过口述或打字的对话来建立连接，能立即解决问题，那么我们的日常生活将提升至一个新的维度。由于与技术对话让我们免去了额外的交互行为、节约了时间，机器将以其常规效率处理复杂任务，从而给我们带来十倍乃至更多的回报。

15. 可能我们不再服务于"公司"

我们对超自动化的探索越深入，就会有更多的概念被颠覆，"公司"便是其中最容易受到影响的概念之一。当下的商业环境中，公司基本上被定义为成"为一个共同目标（一般是提供某种商品或服务）而集合起来努力工作的一群人"。但在现实中，大多数公司都严重失衡——数百甚至数千人在一潭死水的环境里奔波操劳，最终不过是为机构少数高层积累财富。但我们似乎相当满足于这种范式，人们还常对顶层那些有名无实的富豪领袖们顶礼膜拜，这着实令人不可思议。行业领袖可以做出令人质疑的商业决策，发布令人反感的推文，但这毫不影响他当选为《时代》杂志的 2021 年度人物。但如果在一个首先需要去中心化才能参与竞争的世界里，公司内部结构将在多个方面逐渐失去作用，首当其冲的就是产品的创建和销售方式。

以奥多比公司的 Photoshop 这样的产品为例：有了对话界面后，该软件集成的工具和密集的图形用户界面都显得过时，从而导致其性质彻底改变。但如果用户直接说出想裁剪照片即可弹出裁剪工具，那用户很可能不想再通过返回、下拉菜单或是工具图标这样的方式来调出裁剪功能。如果说使用 Photoshop 软件的体验与其图形化列出的工具套件没有直接联系，用户可能完全不知道 Photoshop 是什么。另外，如果只需要裁剪照片，那么还有什么必要购买全套的 Photoshop 工具？即使是高级用户，也可能更喜欢用第三方工具来隔离细节边缘后面的背景。在为超自动化构建的生态系统中，工作的环境是开放的，你可以直接将第三方工具引入编辑项目。

基于这种构想推断，各种既有的商业模式很快会在多方面失去意义。即使是新型技术公司也难逃这些范式转变带来的冲击。优步本质上是一个具有图形用户界面的应用程序，用户通过界面来利用智能编排的技术（GPS、拼车、远程支付等）。但当这些技术被分散编排，用户简单发送短信或向设备说出"我需要搭车回家"就能叫到车时，优步就会迎来致命打击。在这种情况下，除了单独的技术和各种平台之外，还有什么有所有权可言？

可能一夜之间，拼车就不再需要严格的公司结构，分散的自由职业者团队即可管理控制。他们发挥各自的优势，保持拼车的底层生态系统处于最新状态并提供最佳功能。在分散式自治组织（以下简称，DAO）

中，已经存在这类合作式自由职业者集体。DAO 最初是用于筹集社区资金的工具，也是自由职业者协会联合起来共享资源，并按照依靠区块链完整性的民主程序提供工作机会的组织。

随着超自动化的生态系统开始覆盖整个社会的广大阶层，员工将不再受制于与僵化、低效的公司的不平衡关系。在超自动化的框架下，他们将能在广阔、互连的市场上充分发挥各自的优势和经验。但同时，在超自动化的世界里，若公司继续采用封闭式生态系统则难以维持现状；它们需要采取调整策略，在广阔的开放式生态系统中另寻出路。

物联网——这次绝非虚言

也许你还记得大约 10 年前，出现过一场关于物联网（IoT）的浪潮。根据当时的构想，很多日用设备都会收集数据并同其他电器和设备共享。诚然，万物互联的前景令人热血沸腾。这种激动之情本身没什么问题，但人们遗忘了一个关键点——缺少一个将所有互连的设备真正连接起来的生态系统。也许智能冰箱可以在燕麦奶不够时提醒你，并将这一信息传递下去。但显而易见其应用相当局限。

在为超自动化而构建的生态系统中，冰箱可以提供一份常购生活用品清单，列出它认为快用完或快过期的物品。它还能交叉引用你最近的网购记录，将已重新订购的商品从表中删去。智能洗衣机可以持续跟踪洗涤剂的消耗量，并发出警报提醒你已用了差不多 64 盎司[①]，你可能需要

[①] 英制药衡单位，1 盎司 =31.1030 克。——编者注

再买一些。在这个生态系统里，智能洗衣机可以根据你常购买的洗涤剂来设置数量，据此做出是否应采购的决定。它还会检测到你消耗洗涤剂的速度比较稳定，所以可能推荐注册定期采购服务。

在这个世界里，你信步走进最喜欢的服装店，试穿了几件衬衫、裤子，然后到无人收银台结账：先把商品放在指定的柜台上，再通过射频识别（RFID）标签扫描识别，过程简单易操作，接下来再扫描指纹付账，整个交易在数秒之内便能完成。

你走向店门时，店员过来，询问你是否已付款。你调出手机上已有的收据，向其出示购买凭证。店员表示怀疑，但没有阻止你离开。你走到人行道上，发起了一条商家投诉。

几分钟之内，公司的自动化服务系统会对你的投诉做出标记，并在确认交易和投诉有效后，给这名销售代表的内部绩效扣分（这已经是本月第三次发生这种情况了。）

我们来预设一下年末的场景：按照惯例，服装公司准备向优秀员工发放奖金。奖金的额度不是依靠主观评价，而是根据公司自动化服务系统管理的员工的绩效分数得出的。

为了快速确定奖金金额，系统会根据以下几个标准运行预先编写的算法：员工工龄、绩效总分、近30天投诉量、近60天表彰数量以及奖金总预算。根本不需要用到电子表格，所有数据均为自动计算的结果，而且奖金会被立即转入员工的账户。在开发阶段，像这样的自动化将需要使用人机回圈（HitL）技术进行细微调整，以避免连接故障可能导致的灾难性问题。但随着智能数字工作者对上下文提示、突发事件和最佳用例的了解越来越多，它们将更善于独立运作。

回到前面的话题，你回到家，换上刚买的新裤子，很是开心。裤子是羊毛制品，你的私人智能数字工作者（跟踪冰箱库存及最近购物信息的也是它）已经在读取你的数字收据时留意到了这一点。该智能数字工作者知道你没有专用于清洁羊毛裤的用品，便给你发一条短信，建议选购一些清洁剂。它还知道你喜欢在小商店购物，所以推荐了你回家途中的一家街角杂货店。你回短信说没时间去买，智能数字工作者可能提出可以在线订购一些东西。你最常购物的网点对于高分买家很是慷慨，因此你可以享受免费的无人机送货服务。

因为明天要开始去新公司上班，所以此刻你想赶紧回家，而且要确保买的衣服穿上后正式得体。你乘车回家途中，新公司人力资源部的智能数字工作者发来一条消息。整整一周以来你都在同该智能数字工作者保持通信，它已经取得了为你安排入职事宜需要的所有个人信息。这条消息询问：你申请的立式办公桌有两种颜色，你要选黑色还是白色？

上述体验，在超自动化形成超级颠覆的世界里不过是冰山一角。但它足以让你感受到，自己更有能力制订解决方案以适应先进自动化主导的环境。这样的自动化可以从几乎任何地方提取数据，并将其用于任何目的。接下来的章节里，我们就来看看如何实现这种愿景。

行动要诀

- 超自动化将为与技术互动以及人际互动的方式带来多种超级颠覆。

- 社交评分、事务性互动会回归到基于关系的互动，将创造一个更加透明和真实的世界，而非充满恶意攻击的世界。

- 各行各业将出现优于人类的体验。这些体验依赖于复杂的功能，如图形数据库、单一服务软件和可组合架构等。

- 加密货币和区块链技术将重新定义人类同金钱的关系以及我们获得报酬的方式。

- 物联网的愿景终将实现，智能家电最终将通过一个共享的生态系统来驾驭数据化的世界。

第6章

真人测试，亲身体验

对于测序技术我们需要明确立场。一项让任何人都能创建高级会话应用程序的技术，其着眼点必须放在真正的实用性上。

为做到这一点我们必须牢记以下几点：技术需要服务于谁？用户需要解决哪些问题？他们能以何种方式使用我们的解决方案？

这些也是 OneReach.ai 的核心问题，它们代表了我在超自动化方面的立场。当你开启自己的超自动化之旅时，请试着回答这几个问题，其答案组合起来就代表了你的立场——理想情况下，对于参与该项目的每个人以及使用该技术和工具的任何人，这些问题的答案都不言而喻。

我的第一个对话式人工智能平台 Communication Studio G1，就代表了我对于如何回答这些问题的最佳猜测。基于在体验设计方面的深厚基础，我和我的核心领导团队并未严格围绕技术来进行构建，而是以用户需求为核心开展工作。我们手头数以千计的用例和数以万计的用户经历，为我们提供了很多有价值的信息和经验——哪怕有些示例在事后看起来再清楚不过，但当时的过程不可谓不艰辛（例如，我们了解到音节越多越有助于语音识别、交互越少的设计表现越好、来自交互的上下文数据可以存储起来用于提升未来的交互）。

创造优于人类的体验本身就是一项艰巨的任务，加之工具成熟度不足，又不易找到真正有经验的人去构建和运行，更是让它难上加难。高德纳公司曾有人将之描述为"难如登天"。这些年来，我亲眼见证了无数次的尝试案例，成功的很多，但失败的例子也不在少数（其中包括我们自己的一些探索）。通过将网站、电话、短消息（SMS）、WhatsApp[①]、Slack、亚莉克莎、谷歌家居等平台的聊天机器人自动化的经历，我在如何构建和管理原始会话应用方面逐渐确立了自己的立场，从成功的项目中也逐渐发展出一些模式。于是我们开始研究这些成功案例，分析它们同其他案例的差异。

我开发了一种创建超自动化生态系统的方法，可以将我在设计和技术方面的独特经验利用起来。20 年前，我创立了 Effective UI——这是世界上最早的用户中心式设计的机构之一，旨在帮助简化技术的应用。公司运营过程中，我和同事们获得了上百个奖项。后来，公司被奥美（Ogilvy）收购，但我感到自己的使命还远未完成，尤其是在对话界面领域还有很多可以继续努力的地方。在人们对技术的所有体验中，对话体验通常是最糟糕的一种。创建一个可供对话式人工智能蓬勃发展的框架乃是一项极其艰难的工作，但它同时也蕴藏着巨大的潜力。

我们开展了超过 200 万小时的测试，受试者超 3000 万人，在 10 000 多个对话中应用上实施工作流程。我将在下文具体描述收集数据和最佳实践。我的灵感还来自超过 50 万小时的开发实践——正是这些不可或缺的经历，推动了我的无代码对话人工智能平台不断进步。当然，务必记住，不是有了构建此类体验的平台就一定能够成功。流程、人员、工具、体系结构和战略缺一不可，而它们相互协作的设计也举足轻重。

---

① 是一款用于通信的应用程序。——编者注

现在，我已经洞悉构建和管理智能应用程序网络所需的一切，以及如何管理能让组织都实现超自动化的应用程序生态系统。

当各公司逐渐意识到自己身处以超自动化为目标的角逐中时，他们将在构建智能生态系统的合理战略的引领下冲向终点。网站设计需要采取内容策略以实现页面的合理布置、井然有序；同样，实现超自动化需要采用良好策略以构建智能生态系统，此外，快速拥抱新技术的意愿也必不可少。无论你的机构是刚开始起步还是已经开始沿着这条道路前行但缺少得力工具，相信我展示的成功策略都能给你以启发。

虽然今天的许多先进技术是颠覆性的，但是对话式界面、人工智能、无代码设计、机器人流程自动化和机器学习无疑更为强大：它们作为效能倍增的工具，能让正确使用它们的公司在竞争中立于不败之地。这些融合技术的涵盖面很广、影响很大，很容易引爆"未来冲击"（future shock）——这个词指的是个人或整个社会在短时间内遇到过激的变化所引起的紧张情绪和迷失感。如果组织在当下功能性不足的生态系统里部署机器、对话式应用程序或人工智能驱动的数字工作者，那么它们多半正在经受这类冲击。

本书旨在为大家提供有效的策略，构建智能、协作式的自动化生态系统——一个智能数字工作者之间共享技能、将在组织内产生广泛影响的网络，以缓和未来冲击的负面影响。

我希望通过分享自己积累的实践和获得的经验为那些因随意构建聊天机器人而出现问题并正努力解决的企业提供较大帮助。一个能够让融合技术以智能方式发挥作用的战略，可以推动你的组织进入肆意奔放的新未来。

行动要诀

- 本书中提到的一些构想可能看起来像是对未来的预测，但实际上，诸如超自动化、对话技术、人工智能、机器学习和机器人流程自动化已经在现实中得到了应用。

- 本书中披露的发现，均来自笔者多年的研究实践和构建数千个会话应用的实战经验。

- 通过合理策略编排颠覆性技术，可推动你的公司朝着成功实现超自动化的目标迈进。

第二部分

智能数字工作者
生态系统规划

你可能已经注意到，当今世界出现了大量的软件集成。一方面，使用谷歌邮箱账户可以便捷登录其他各种软件产品；另一方面，这并不是意味着软件商只需坐等和其他产品集成就可以了。当人类与技术主要采用对话式接口进行沟通时，我们不用向智能数字工作者发出登录电子邮件账户或航空公司网站来查找航班信息的请求，而只需要直接问道："我飞凤凰城的航班是在什么时候？"

超自动化并非依赖于软件集成方面的进步，而是各种技术的重组和整合。创建一个由智能数字工作者组成的超自动化生态系统的过程是艰难曲折的，同时也是一个自我探索的过程。

要让智能数字工作者变得更富效能和智慧，你就得让你的员工深入研究它们执行许多单调日常任务的方式，并思考如何将这些任务自动化，然后推进这些自动运作的过程。因此，这一过程虽牵涉繁杂的任务，但可以提升组织中个体的工作能力及组织的整体一致性。要想成功，你不仅需要接纳改变，还应充分意识到改变会带来不适。在超自动化的领域里，改变往往伴随着痛苦。因为它可能意味着要把组织内的部件挖出、打乱，再重新构建。你要是想放弃，也不足为怪，因为这样做确实有很大的风险；但同时，风险中蕴藏着成功的希望。大约十年以来，各个公司一直致力于统一其运作后端。而眼下正有机会通过单一的对话式界面使前端也实现一致，从而形成完整的技术循环，创造一个适当的生态系统迎接超自动化的到来。

任何颠覆性的技术，若陷入夸大其词的宣传、急功近利和心浮气躁的误区，就会让人难以真正了解其本质。互联网诞生初期，各大公司——尤其是市场领先企业要在新问世的万维网上搭建网页可谓困难重重。一个基础页面可能很快就会扩展成由不同部门设计的好几个页面。但由于这些页面各自独立，又缺乏清晰的导航，让访客更加困惑，由于这些内容大多各自独立而不是互为补充，因此企业即使发现了这个问题，也不可能将它们按类别移至导航主页作为解决方案。

许多公司花了数年时间才意识到，战略乃是网站功能强大的根本。网络是一个共享互惠的伟大系统，但要有效利用其力量，唯一的出路是采用结构化的内容，并针对性实现跨页面、跨渠道的有效运作。

这一原则同样适用于超自动化。利用人工智能和对话式界面的力量来挖掘和重塑人类的潜力，这个过程本身当然值得夸耀，其发展的紧迫性和兴奋感也不足为奇，但它们不应掩盖超自动化的本质。仅靠各自独立的程序集合起来以自动化方式执行不同任务，永远不会自发达到超自动化的状态。超自动化是为了建立数字工作者智能生态系统，在全组织范围内实施可靠战略的结果。

需要明确的是，这里所说的"战略"并不是指使命或终极目标，而是对于如何分配资源以实现超自动化目标的路线图的描述。超自动化不是一场构建静态技术的竞赛——竞赛的目的，是让你的团队和公司更快地采用和迭代新技术、新技能和新功能，而超自动化却并非如此。

要全面了解数字工作者的智能生态系统，最好的方法是破解构建这一系统的幕后工作。这项任务十分艰巨，成功的前提是统一的组织与团队间的有效协作——这是指导生态交流发展的核心。

在本部分，我将首先带你熟悉超自动化领域的相关术语。然后，我们将了解在没有确定战略的情况下试图利用这些技术会出现多么糟糕的后果。随后，我将向你介绍协助你推行超自动化的核心支持团队的成员。你将需要确定使用哪些工具和体系结构来创建和发展智能数字生态系统（第三部分中将介绍相关流程、设计战略和产品设计）。

我们谈到超自动化时，主要涉及对任务和技术的排序，以及如何最大限度开发其潜能并达到事半功倍的成效。但当你真正着手考虑组织海量的技术和任务，并想象它们的无数种排列方式时，其中错综复杂、千头万绪的情况难免会让人望而却步。但通过得当的战略和流程，你可以让组织中的每个成员都参与自动化的创建和改进，从而打造一个优良的生态系统环境促使超自动化不断进步。

第 7 章

术 语

作为一项新兴前沿技术，超自动化目前还没有大众普遍认可的统一术语或定义。我无意规定对错，提出相关术语仅为解释书中所涉含义。请牢记这一点：以下提供的定义，仅适用于自动化技术及其运行的生态系统环境相关的上下文。

1. 智能自动化

指机器学习在没有人为干预的情况下不断改进的自动化。真正的自动驾驶汽车便是一种智能自动化，但它尚属初级阶段。如果一个操作系统（OS）能将驾驶汽车以及安全驾驶所需的多种不同技术进行排序，并持续提高其驾驶能力，就可算是成熟的智能自动化。如果能使同样的智能自动化在开放的技术生态系统中蓬勃发展，就可以实现公司的"自动驾驶"。虽然目前驾驶汽车仍是人工完成，但越来越多的基本任务已经实现自动化，使人类可以腾出时间来专注于解决更高层次的问题。

2. 超自动化

当智能自动化在一个协调技术的生态系统中被广泛应用时，这个系统就实现了超自动化。超自动化有利于组织大规模地快速识别、审查，并启动自动化业务和信息技术流程，从而提供远超竞争对手的巨大优势。有关超自动化和智能自动化的探讨在相当大程度上是可以互换的（诸如对话式人工智能、人工智能和机器人流程自动化也存在同样含义混淆的情况）。严格来讲，本书实际上应该使用"智能超自动化"一词，但是为方便起见我将其简称为"超自动化技术"。总而言之，机构越是高度自动化，"自动驾驶"的程度就越高。

3. 生态系统

指与对话技术相关的所有技术和组织的各个部分，以及这些部分的总和。换句话说，生态系统是一个组织中相互依赖的技术、流程和人员所构成的完整系统。哪怕你没有采取任何步骤来实现超自动化，你的机构内部仍然有一个生态系统。在为超自动化构建的智能生态系统中，这些元素经过协调以激活、支持、管理及促进对话式人工智能的实现，并从中受益。在为超自动化而构建的生态系统中，软件应用被分解为不同的功能或技术。

4. 智能数字工作者

我们可以将其视为同人类对等的一种技术集合。在计算机领域里，智能数字工作者作为一系列技术，类似于存放文件的文件夹或存放网页的域名，其最终目标是完成一些通常由人类执行的任务。当然，你也可以认为智能数字工作者是与所在生态系统中的其他机器及人类协作运行的单个机器。

5. 核心功能

它是具体智能数字工作者的主要运行目的或其最深层技能的总称。核心功能不一定是智能数字工作者的唯一功能，但它确实代表了其主要功能。

6. 主要技能

它对于人类与智能数字工作者和整个生态系统交互的方式至关重要。如果把主要技能同人类的经验相类比，那么它和我们认为必然掌握的必要技能差不多。例如，在面试一个设计岗位的求职者时，"你是否使用过Sketch 或 InDesign 之类的软件？"这样的问题是合理的，但如果问"你是否有能力在需要时向其他人求助""你是否有经历证明你能通过电话、短信和邮件作出正常回应"……那就有点荒谬了。

智能数字工作者的主要技能举例：

- 能够通过特定的通信渠道（如 Slack 软件、电话、谷歌主页和短信）进行操作；

- 能理解自然语言；

- 在用户需要帮助时，能提供人机回圈功能。

7. 技能

它是一个比主要技能更广泛的概念，包括修改密码、管理预约或获取项目状态等。技能是做具体事务的能力，它们就像是智能数字生态系统的 DNA，可以通过排序让公司实现超自动化。技能是关于生态系统的状态及功能的蓝图，类似于将 DNA 链中蛋白质进行排序以构建大脑或心脏等复杂事物的方式。

8. 任务

智能数字工作者的任务是指其执行或应用一项或多项技能以完成某事的行为。任务的具体内容不设限，可以是对用户进行身份验证，也可以是寻求人工帮助以解决进程卡滞等问题（图 7.1）。

图 7.1 技能示例

9. 微服务

通过将一项技能分解为多个组件服务，再将组件服务分解为组成步骤，就可以得到一组灵活的、可无限定制的微服务。DNA 的排序是高级生物的决定性因素。微服务的成功排序则大幅提高了自动化的主要功能。

10. 流程

指用于执行具体任务的技能或步骤的顺序。智能数字工作者依赖这些模式或指令完成特定的工作。简言之，流程就是旨在影响积极结果的算法（图 7.2）。

图 7.2 对话设计器在 OneReach.ai 公司平台上对流程中的步骤进行排序

11. 步骤

指可以在流程中排序的技术（或多种技术）实例，类似于食谱中的原料。我们也可以将步骤比作 DNA 中的蛋白质序列。例如，某步骤可以向支付网关发起应用程序接口调用，以检索客户最近使用的支付方式的后四位数字。

12. 共享库

它是生态系统中的核心资源，主要用于编排超自动化的所有资源——如微服务、技能和流程等。由于组织成员经常从共享库中提取资源，进行调整和迭代以开发新技能，这些新资源也会成为共享库的一部分。不断扩展的共享库是生态系统中活动和资源的关键枢纽。

13. 人机回圈

这是本书将从不同角度频繁讨论的一种机制，其本质指的是对实时对话进行监控，并能在需要时插入对话的人。人机回圈可以是工具，也可以是人。它是生态系统设计和开发的一个组成部分。在这个过程中，重要的是要了解组织中的人员对成功实现超自动化的作用。他们将为被自动化的各种任务提供细致入微的见解。他们掌握的知识将被用于设计并改进智能数字工作者。智能数字工作者执行任务时若遇到困难，或对某个步骤有疑问，可以求助于人机回圈。在这些交互过程中，智能数字工作者能更好了解具体的问题以及它们可能出现的不同场景。智能数字工作者和人机回圈的关系有利于加速生态系统的进化和发展（图7.3）。

14. 人为控制结果（HCO）

超自动化在各个层面上都应以人为主导，这意味着设计的结果由人来控制。即使机器可以独立做出高效决策，但在出色的设计中，人类始终把控全局。虽然人类设计机器是为了最大限度地提高我们的效率，但要是人类生活在机器的严格命令下，那简直是最为典型的反乌托邦场景了。而与之形成鲜明对比的是机器全天候为人类提供明智的选择，以提高工作效率。机器负责提供最好的选择，最终的决定权在人类手中。人机回圈是人为控制结果的一个重要部分，因为它明确要求人类根据智能数字工作者提供的选择做出决策。

同人类经验的类比有助于熟悉了解上述术语，但需注意这两者之间仍存在明显差异。在生态系统中，数据、信息和技能可以在智能数字工作者之间共享，其效率之高、可转移性之强，远超我们的想象。设想一下：你的邻居罗恩以建造篱笆为生，可以通过某种渗透过程将技能和数据传递给你，你能在瞬间学会如何修建篱笆。这是不是很神奇？这就是智能数字工作者之间传输信息的基本方式。如果生态系统中的一个智能数字工作者懂得如何做某件事，就能将这项技能"瞬传"给所有的智能数字工作者；你前一分钟认识罗恩，下一分钟可能就有一百万个罗恩来筑篱笆。一百万个造篱笆的罗恩代表着超自动化的梦想。但如果机构缺乏正确的战略或生态系统，罗恩就寥寥无几，他们互不相识，语言也不通。

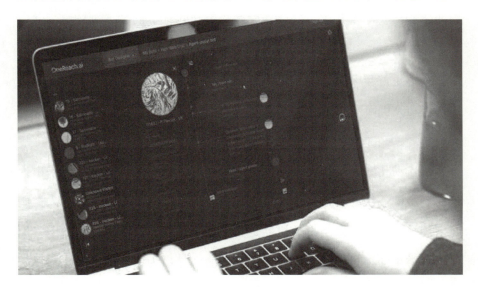

图 7.3 人机回圈

行动要诀

- 理解超自动化所涉的术语有助于我们更清楚地了解系统各部分的协作过程。

- 人类参与关键决策在所有超自动化工作的整个运行周期中都举足轻重。

- 企业在其开放的生态系统中拥有的超自动化技能越多，其"自动驾驶"的程度就越高。

- 智能数字工作者使用共享库共享信息。因此，如果一个智能数字工作者擅长某项技能，该技能就可以"传递"给所有的智能数字工作者。这意味着你会拥有源源不断的智能数字工作者，它们可以利用共享库中的任何技能来为团队成员和客户提供帮助。

第 8 章

梦想与现实

你规划了一个由大量智能机器组成的自动化生态系统，这些机器可以为你的客户提供协助，也能相互协助。该系统将与你现有的系统集成，你的用户将会非常喜欢你的产品带来的使用体验，从而大幅提升转化率。自动化大大缩短了以往流程的工作时间，所以你的团队能将精力集中在公司的发展，而非维持现状上。你认为，这个过程会很轻松。

但现实很残酷——创建一个智能数字生态系统，绝不仅是在几个不同的问题领域投入几台机器那么简单。能够支撑这些生态系统的平台大多需要一个专家团队（开发人员、数据科学家、人工智能科学家、架构师）来构建解决方案，而这些解决方案的编码可能涉及大量的基础设施建设。即使是构建一个相对简单的、服务于生产的对话式人工智能应用程序，也可能需要多个部门合力协作，耗费数百个工时并辅以大量基础设施开发工作才能完成。你可能不需要编码或基础设施开发，但最终会以应用程序灵活性不足为代价。

如果通过人工智能实现自动化的首次尝试经历令你仍胆战心惊，那么你可能会犹豫是否要重启这一进程，甚至全盘推翻然后从头再来。但正如前文所述，无论你是否想加入这场竞赛，实际上你已经身在其中。要想回到起跑线上，你需要评估当前已经走到了哪一步。假设你的组织中已经有一组机器正在工作，它们很可能不是在生态系统中发挥作用，而是聊天机器人随机运行的结果。这些机器人通常是一些单点式解决方案的聊天机器人，构建它们的不同架构不属于同一个整体战略——它们可能是探索性项目，可能是现有平台（如 Service Now 或 SalesForce）附带的聊天机器人，也可能是一个不完善的常见问答（FAQ）工具拼凑的问答聊天机器人。

或许你可以直接利用这些初步的成果，但这一过程需要的投入往往大于其产出。如果要建立一个协调的生态系统，那你需要制定一个战略并获得支持。无论你是尚未部署聊天机器人，还是只有少数几个未被真正使用的聊天机器人，抑或是只有一个与工具不配套的一致性战略，都能够实现数字工作者的智能生态系统。

理念简述：无设计战略的运营模式

我们很容易理解为什么企业倾向于使用简单的问答聊天机器人。因为支持机器人运行的内容已经存在，企业只需将常见问题页面的内容"喂给"它们，其网站的核心位置就多了一项激动人心的新技术。这似乎是一个稳操胜券的战略，很多公司在尝试之后却以失败告终，并随之直接放弃了这个项目，未深究问题出在哪里。实际上，无论有多少随机的聊天机器人，或是投入多少资金打造它们，只要机器未被纳入覆盖整个组织的生态系统，那么这始终都是一种缺乏设计战略的运营模式。

加倍投入、添置更多的聊天机器人，急于实施解决方案将分散的机器统一化，这也不能算是设计战略。诸如礼宾机器人、超级机器人、主控机器人、分类机器人等理想化的解决方案名目繁多，但它们并非真正设计战略的组成部分。"分类机器人"这个别名尤其能说明问题，因为分类所适用的情况需要按照优先顺序。如果没有设计战略，那么机器人只能全力处理一堆混乱的受损机器，却毫无成效。

未接入战略性设计生态系统的聊天机器人完全是徒有其名，除非它直接告诉用户："我只能处理有限数量的硬性任务，请不要问我任何超出我权限的问题。"

自然语言处理／自然语言理解技术的存在，本身就暗含了一种可期许的承诺。一项可以响应对话性提示的技术会让用户头脑中自动产生高于现实的期望，而这将直接导致设想的承诺无法实现，最终致使项目化为泡影。一个功能极其有限的聊天机器人，却被冠以"数字助手"之类的绰号，只会提高用户的期望值，从而使其产生更大的失望。如果非要我做些明确的警告，我会说："没有设计战略，就不要碰对话式人工智能。"

梦想中的问答聊天机器人

- 受训容易。
- 工具简单。
- 无需高级技能或技术知识。
- 可以利用现有内容。
- 可以使用当前的维护流程和工具更新。
- 可以即时处理多个用例。

现实中的问答聊天机器人

- 人工智能的炒作周期（又称技术成熟度曲线），让用户从最初使用的期待跌入使用后期的失望。

- 顶级用例带来的更好体验，通常能比大量用例产生更大的回报。但如果你不能改善围绕顶级用例带来的体验，结果将导致差评、极低的满意度分数、计划失败乃至项目夭折。

- 带有搜索功能的问答页面，其满意度评分通常高于简单的问答聊天机器人，因为它们提供的内容更多、浏览体验更佳，提示功能也更出色（即用户可以看到其他相关问题）。

- 虽然常见问题的内容已经存在，但它通常不是针对对话式交互制定的。聊天机器人一般不能提供明确请求含义的机会，也无法通过教育使终端用户提供更清晰的选项。

- 从简单的聊天机器人流程、工具、架构过渡到更智能的解决方案并不可行。因为创建智能生态系统是一项系统性的工作——将每个元素设计为动态交互环境的一部分，这需要考虑大量变量。

如果无法进行全面的战略部署，你的聊天机器人梦想很快就会变成一个利用率极低的噩梦。

行动要诀

- 如果你在组织中将流程自动化的尝试失败了，你可能会觉得

"超自动化"中的"超级"之说更像是一种炒作。但现实的原因是，仅仅部署几台能在组织范围内解决不同问题的机器，并不能真正创建智能数字生态系统。

- 聊天机器人如果不属于战略设计的生态系统，就是徒有虚名，除非从一开始就向用户坦诚其局限性。

- 真正的超自动化是一项庞大的协调工作，需要与机构的每个部门保持一致。这个过程需要有一个宏大、全面的战略作为支撑。初期阶段你可能会感到步履维艰，但唯有如此才能在业务发展中争得上游。

第9章

生态系统演进阐释

在对本书中将要使用的关键术语有所了解之后，下面我们来分析有关生态系统的概念性和实用性的相关要素。如果基本熟悉了内容战略的概念模型，或网站和品牌的内容战略，你会更容易理解构建智能数字工作者生态系统战略的意义（图 9.1）。

我将智能数字工作者不断完善其完成任务能力的过程划分为四个演进阶段：读写阶段、认知阶段、智能阶段和智慧阶段。但请注意，相邻两个阶段之间的转变并没有明确的区分标准。所有技能都要经历上述的四个演进阶段，只不过简单技能演进程度较低，而尖端的技能演进程度较高。

**智能数字工作者的
生态系统**

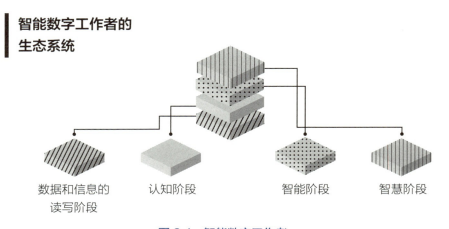

数据和信息的 认知阶段 智能阶段 智慧阶段
读写阶段

图 9.1　智能数字工作者

智能数字工作者四阶段演进

读写阶段

在读写阶段，智能数字工作者将数字和字符转换为信息。这些信息可以是原始数据，例如可以被解码为日期的整数，也可以是该整数格式化后转成的日期（例如 2020-01-01）。我通常把这个阶段称为原始数字工作者。

认知阶段

在认知阶段，智能数字工作者能够理解其信息的上下文以及理解信息的重要性和原因。例如，这个阶段能够"理解"日期是某个人的出生日期。笔者认为，我们可以将具备这种能力的智能数字工作者称为基础智能数字工作者。

智能阶段

在智能阶段，智能数字工作者将进一步理解如何使用或处理知识和信息。所以在前文的日期情境下，这意味着智能数字工作者能理解出生日期在不同语境中的相关性，例如"我希望你明天的 21 岁生日能过得开心！""我刚给你发了一张 21 岁生日礼券"。这种能力表明智能数字工作者已能在生态系统中发挥作用，说明智能数字工作者已是真正意义上的智能数字工作者。

智慧阶段

在智慧阶段，智能数字工作者能学习如何利用丰富的经验来做出决定。随着智能数字工作者发展了基于既往交互和所存储数据为个人定制解决方案的能力，它们变得更像一个私人助理，从而也能助力其用户和组织的价值扶摇直上。所以在这个阶段，智能数字工作者对出生日期数据处理后的结果会是："生日快乐！我看到你今天有晚餐约会，明天早上还要和教练一起锻炼。如果你觉得可能会出去庆祝到很晚，我可以帮你取消锻炼计划。"那么到这一步，我们就拥有了一个私人的智能数字工作者，或者说是一名数字个人助理。

随着智能数字工作者获得智慧，用户使用产品会越来越顺手。但务必记住，最终用户体验的演变与幕后所需的编排量是成反比的。创建智能数字工作者的目的实际上是寻找方法来解决生态系统中日益复杂的问题，从而实现用户操作的简单性。

与智能数字工作者共度美好时光

随着组织技能、对话式人工智能和生态系统的发展，智能数字工作者变得更像是我们的同事。它们的技能有助于实现合作或独立运作，能够把事情做得更好。

我们可以将智能数字工作者看作正在接受培训的新同事。想象一下，人力资源部的智能数字工作者正接受部门主管伊冯（Yvonne）的培训，以担负起管理审批流程和安排带薪休假的职责。

考虑到智能数字工作者需要破译海量的上下文，这项工作其实并不简单。

- 员工还剩多少带薪休假？

- 需要安排多少班次？

- 谁可以代班？

- 休假的日期有没有冲突？

伊冯是专门负责这部分工作内容的，所以她培训智能数字工作者遵照既定流程进行管理审批。这一因素在创建增效因子时常被忽视，但实际上却至关重要。就像前文中自动化咖啡机的例子一样，将人们目前完成任务的过程自动化固然能带来更大的影响，但对这一过程做出实际改进同样有此效果。你将能设计工作流程，无数智能数字工作者将负责实施。

用户：我想申请休假。

智能数字工作者：好的，我可以帮你申请。你想在什么时段休假？

用户：从七月十五号到二十二号。

智能数字工作者：好的。我会为你申请七月十五号到七月二十二号休假。你需要我为你查找是否有人可以为你代班吗？

用户：好的。

智能数字工作者一旦投入使用，就能通过人机回圈技能不断促进自身演进。在这种演进方式下，智能数字工作者遇到困难时可以向伊冯或她的同事寻求帮助。

智能数字工作者：需要我为你查找是否有人可以为你代班吗？

用户：好的。能帮我查看一下卡尔（Carl）那周周三是否有空帮我代班吗？那天有一个项目会议，是卡尔一直同我一起做那个项目的。

智能数字工作者：我不确定我是否准确理解了你的请求。请稍等，我去找人咨询一下……

智能数字工作者（对伊冯或其代理人）：嘿，我遇到了一个难题。你能帮我提供答案或帮我操作吗？麻烦你介入一下？

伊冯可以帮助智能数字工作者理解请求的上下文，并推动提升用户体验。每次她介入帮助时，智能数字工作者都可以通过询问上下文相关问题来向她学习，这类问题也同样适用于其他任务（如"为什么这个用户只希望卡尔为他代班一天，而不是代班整个假期？"）。

最终，伊冯的目标是帮助她的数字队友进化到智慧阶段。

基于"演进四阶段"的案例研究

现在，我们通过演进四阶段理论来追溯一个帮助员工申请带薪休假的技能案例。下面的插图描述了我们的用户乔（Jo）在智能数字工作者某一种技能的不同发展阶段与其互动的情况（图 9.2 至图 9.6）。

行动要诀

- 你生态系统中的智能数字工作者在任务完成技能方面会经历

智能数字工作者：
"你好，你是否想要我帮你提交一个休假申请？如果这个申请比较简单，你可以登录 www.apc.com 进行申请。我可以向人力资源部的员工寻求帮助，后续结果会有人回复你。"

读写阶段

智能数字工作者：
"好的，乔，我可以帮你提交休假申请。顺便提醒一下，别忘了你需要找人代班。
你还有三天带薪休假时间，请问你想用多少天？"

认知阶段

简单

智能数字工作者：
"好的，乔，我可以帮你处理。我会着手处理你的申请，并帮你获得批准。
你还有三天带薪休假，我需要知道你休假的日期，以及你想使用几天带薪休假的时间。你告诉我这些信息后，我会开始寻找可能代班的同事，并在明天跟进这个申请。"

智能阶段

智能数字工作者：
"乔，我知道你还没有就休假日期提出申请，但是经常替你代班的乔治刚刚申请了你在惯常的休假期间的带薪休假。
你是否需要我看看乔治是否可以调整他的休假时间，还是找其他人来顶替你？"

智慧阶段

复杂

图 9.2　由简单到复杂

读写阶段

图9.3 读写阶段

认知阶段

图9.4 认知阶段

图 9.5　智能阶段

图 9.6　智慧阶段

四个演进阶段：读写阶段、认知阶段、智能阶段和智慧阶段。

- 不同阶段之间没有明确的边界。所有技能都具有相应阶段的每个特征，只不过简单技能的演进程度较低。

- 价值共创是让智能数字工作者更接近智慧阶段的关键——智能数字工作者技能的发展阶段为人与人之间的共创；智能数字工作者技能的提升阶段，则是人和智能数字工作者的共创。

- 人机回圈是智能数字工作者演进的关键，它让人类参与其中，以帮助智能数字工作者建立更多连接并加深其对技能的理解。

第 10 章
团队和价值共创思维

价值共创是实现超自动化的秘密武器。要让你的团队远离集权管理和单打独斗，共创的思维方式至关重要，因为虽然某些智能数字工作者确实只服务于特定的部门，但它们的演进是建立在全公司的努力之上的。这就是你的核心实施团队需要参与的地方——他们的任务是让大家都参与到公司生态系统技能的创造和发展中来。你的最终目标是每个人都将使用你的智能数字工作者生态系统，并为其做出贡献，帮助设计、改进和发展各自部门智能数字工作者的技能。

核心实施团队在组成上与许多组织中出现的"融合团队"相似。据高德纳公司估算，84%的公司拥有所谓的"跨职能团队"，他们利用数据和技术来达成业务成就。在一个融合团队中，通常至少有一名信息技术人员，团队由不同职能、种族和性别等特性各异的人员构成，多样性越高越能达到更优的工作成效。高德纳公司还发现，70%的融合团队使用的技术与 IT 建议或推荐的技术不同，即使信息技术代表领导的团队也是如此。

在超自动化的背景下，这种强制性的参与作用巨大，其思路是编排不同的技术，让智能数字工作者给用户带来优于人类创造的体验。如果某项技术比另一项更好，它就可以被整合到生态系统中。这也说明了一种理念，即总是寻求更好的方法来完成工作——这便是智能超自动化战略的核心。相信你也不希望将对话体验仅限于模仿人类的程度，不求提升。共创的目标是使用自然的人机界面来激活协同技术，这些技术执行任务的方式比人类单独执行更高效。

核心实施团队将作为战略的创造者和守护者来指导整个组织，并助推创建与你的战略相符的体验的整个过程。他们应起到模范教师和模范合作者的作用。下面将描述的角色，可以由不同人员分别担任，也可由同一人兼任。无论你是已经有了合适的人员，还是准备重新物色人员，都需要确保他们有相应经验，接受过正规培训，并且掌握了适当的技能。务必精心挑选团队成员，他们将帮助组织中的其他人构建工作模式、步骤和工具包，以成功管理他们各自的智能数字工作者。

无论你是找人做临时代岗，还是招聘新员工，抑或是从内部人才中择优，如果想获得长久的成功，团队成员选择可能就是你要做的最重要的决定之一。组建核心实施团队时可以将融合团队作为参考标准，后者是组织将重心从开发部门移至整个组织的一个标志。早在 2019 年，高德纳公司就曾估测，到 2023 年，大型企业的平民开发人员数量将超过专业开发人员，二者的比例达到 4∶1。核心实施团队能够培养出有能力的平民开发人员，后者可以通过创建和迭代有利于业务和客户的软件解决方案来重塑组织。

这就是我们说人工智能将影响世界上几乎所有工作的一个重要原因。无论你身处哪个行业，通过上述方法，在核心实施团队的助力下，你将始终走在竞争对手的前面。委派核心实施团队成员，为他们提供支持，是决定成功与失败的关键所在。

团队简况

核心实施团队最重要的职责是知识分享。团队成员永远不应贪图控制信息和工具。为了成功实现目标他们需要让组织中的每一个人都参与进来。团队将密切监控这一过程，确保其与总体战略保持一致，同时宣传共创理念和持续演变的生态系统的优点（图 10.1）。

图 10.1　核心实施团队简况

1. 战略联络人（SL）

这是传统意义上最难被定义的角色，同时又是整个团队成功的基石。战略联络人深入了解如何将内部各业务团队的需求与组织的生态系统战略相匹配，为组织创造价值。他们是让成功团队始终围绕愿景和实现愿景所需资源而行动的黏合剂。他们知道生态系统的无数发展可能，并致力于在整个组织中塑造和传播超自动化。

战略联络人可能是一名新雇员，也可能是组织中的老员工——例如你的生态系统战略创建或实施工作幕后的一名内部骨干。他们可能在设计思维、系统思维或创新方面是经验丰富的领头人，也可能不是。也许他们已经拥有成功的、可以作为产品的服务能力，抑或是成功的产品战略。关于这个角色的合适人选，并没有严格的规则；但他们最好是与组织高层领导和决策者同等地位的人，或是值得被信赖、有影响力的人员。

战略联络人通过与利益相关者合作，可以识别内部业务团队的问题及推动其发展的机会，从而将生态系统战略所涉的各个业务组同用于构建生态系统的流程、工具和培训凝聚在一起。他们勾画愿景、斗志满满，并积极行动，以创造满足业务需求的体验，同时不断扩展技能共享库。这个角色对团队的成功至关重要，而且是超自动化特有的一个新型职能，稍后我们将深入了解战略联络人的一天。

2. 首席体验架构师（LXA）

该角色负责推进、生成和落实卓越的用户体验，具有不可替代的意义。在你公司的共享库中发布的功能所提供的体验质量和稳定性皆属于此人的监督范围。这个领导角色需要是一个以人为本的设计、交互设计和设计研究方面的老手，凡事喜欢亲力亲为。首席体验架构师在整个过程中扮演着教练、导师和领导者的角色，致力于规划与技能和智能数字工作者交互的过程，而且须同核心实施团队——特别是对话体验设计师密切协调。将体验带入生活，同时赋能业务团队在不依赖核心实施团队的情况下创建更多内容，这是首席体验架构师需要解决的难题。此职能的重要职责是建立和管理技能规划图，这些技能是由核心实施团队与各业务小组合作创建及改进的。

3. 对话体验设计师（XD）

对话体验设计师将高级需求转化为可实现正确体验的流程。在某种程度上说，团队的其他成员的工作便是为了给这一角色提供支持。对话体验设计师可以是任何部门的任何人，他们不需要有开发经验，但要有良好的沟通和解决问题的能力。他们应该精通对话设计的原则，并对你的构建平台足够熟悉，以培训他人使用该平台。

4. 数据分析师 / 架构师 / 可视化分析人员（DA）

衡量结果、洞察和预测对于设计并实施完美的体验至关重要。该角色负责规划并设计用于衡量成功的流程，深入了解与数字工作者的每次互动。

5. 技术架构师 / 开发人员（TA/D）

该角色从技术层面了解开发平台，可以构建自定义步骤或库步骤、视图和卡片，供对话体验设计师构建所需的任何技能。此人应该始终考虑以可共享的、模块化的方式进行构建。当用户可以使用由细粒度、低级功能排列在一起组成的模块化部件进行构建时，这就意味着开发人员已经创建了无代码软件。这为传统开发人员提供了一种新的范式，它打破了孤立编码的限制。技术架构师 / 开发人员将成为值得被信赖的顾问，因为他们了解技能是如何构建的。他们能在微观层面上进行微调，并在宏观层面上提供建议，还将花更多的时间进行实际的代码编写。

前文述及，开发人员一般只有约 30% 的时间编写代码。根据软件开发人员克劳斯·贝哈默（Klaus Bayrhammer）的说法，平均每名开发人员每天花 10 分钟写代码，而阅读代码要 300 分钟，这项评估数据非常令人沮丧（可能基于稍有不同的衡量标准）。"我希望我的代码有序、易于阅读且便于理解。"贝哈默写道。一个无代码的环境不仅可以加快创作过程，同时开发人员也更容易弄清楚代码出现了什么问题。我们在第 5 章中曾提到，应用程序接口将很快失去意义，因为对话接口也将适用于机器之间的通信。现在正是见真章之时。开发人员不必再解析应用程序接口的编码语言，只需读取机器之间信息共享的对话线程即可。

与自定义组件相比，构建可重用组件需要更深层次的思考。在优秀技术架构师 / 开发人员的努力下，你的组织将能实现代码共享。这对于人工智能的全员参与和加快团队节奏举足轻重。

6. 质量控制（QA）

这个角色是成功的关键，其人选需要具备出色的客户对接技能。运行测试计划通常包括用户测试和负载测试。质量控制人员应能运行功能测试，也应了解自动化测试和测试计划中的特定原则。

7. 人机回圈

人机回圈覆盖的范围很广：它是一个工具、一种设计模式，也是核心实施团队中的一个角色。正如前文所述，智能数字工作者和人机回圈之间的关系是加速演进生长的肥料。人机回圈是一个强大的、流动的角色，能够绑定及增强你的整个生态系统。如果这些字眼听起来就像是超级英雄传记里的台词，那就对了。当情况需要时，组织内的任何人都可以成为人机回圈，然后在帮助智能数字工作者完成交互后退居幕后。人机回圈具有强大的能力：当有人担任该角色时，他们会利用自己所熟谙的与任务相关的知识、观点和经验，填补空缺，为智能数字工作者的培训提速。

人机回圈可以让人们直接发挥自己的优势，不需要过多培训。要担任这个角色，人机回圈只需学习如何有效地与智能数字工作者交谈即可。当智能数字工作者在某个提问或任务上停滞不前、需要调用人机回圈来居中处理时，这种互动不仅可即时解决问题，还能为智能数字工作者创造一个机会来获得对上下文的更深入理解。随着时间的推移，生态系统中很多智能数字工作者和人机回圈之间的关系就形成了一个强大的矩阵，可解决各种各样的难题。

接下来，我们将从电影产业的角度，对战略联络人这一角色进行更深入的探讨。每一部电影的掌舵人都是导演，而所有的导演都有不同的长处：有些人专注于灯光和摄像机，有些人擅长与演员沟通，还有些人不容易受投资者制约。优秀的导演也是电影场景中解决问题的专家。就像为超自动化构建的生态系统一样，一部电影需要各种各样的技能组合和对特定任务的语言的共同理解。战略联络人就如同导演，知道如何连接和激活生态系统中的所有组成部分，对任何时刻需要完成的工作都有深入的了解，并且总是能将行动描绘成能指导整个操作的神圣观点或愿景。

战略联络人的一天

我们的主人公叫阿吉（Aggie）。她在一家大型医疗企业担任首席内容战略家已有五年。她的公司部署了一些不同的聊天机器人，希望能实现自动化操作。公司网站上的常见问题聊天机器人点击率比较高，但与此同时，客户经常在几番对话后就放弃继续沟通。顾客拨打该公司的免费电话时，回应他们的也是自动语音。阿吉已与呼叫中心保持定期联系，检查他们的客服脚本，知道顾客通常会在一两轮提示后就放弃与语音机器的互动。此外，由于阿吉的工作涉及几乎所有内部人员的战略需求，她很清楚，公司内部几台运行其他服务软件的机器也表现平平。

当公司慎重决定开展超自动化研究时，阿吉并不是他们想到的能够领导核心实施团队的第一人选。但在几次会面后，他们发现她擅长在需求层面上与每个部门沟通，也明白智能数字工作者生态系统的总目标。阿吉熟知公司业务团队的各种需求，并且越来越了解实现对话式人工智能方面的工作原理。

现在，阿吉是组织核心实施团队中新任命的战略联络人，她每天都在各个部门之间穿梭，分析角色和任务，并将这些工作转化为自动化框架，利用自己的各种技能和优势来保持共创顺利进行。

周一上午 10：00：早上，阿吉与运营团队一同参与技术工作。自动化费用跟踪需要协调数据点，在尝试自动化之前，他们需要确保机器从正确的系统中提取数据，并对数据进行编码，以便正确地链接到提交费用的员工、他们所在的部门以及支出流向的活动。他们希望对于丢失或未同步的数据，能发起一个对话提问，根据费用的性质向申请员工或其主管进行查询。阿吉联系了呼叫中心的负责人，以便更好地了解什么时候应直接询问员工、什么时候应越过员工向主管查询。

周一上午 11：00：午餐前，阿吉与法律部门一起进行合同续签流程的体验设计。基于对设计思维的了解，她可以从用户需求的角度理解流程，同时作为利益相关者她也能专注于业务需求——这种情况下，就是指具有法律约束力的流程所要求的明确性和精准性。

周一下午 1：00：阿吉与法律团队共进午餐，他们已经从设计合同续签流程转向了合同管理自动化的迭代。大家致力于解决这个流程中的一些变化。在他们从一个想法迅速跳到下一个想法的过程中，阿吉在敏捷方法学方面的经验发挥了作用，她识别出哪些微服务可使用户交互更有效地流向高回报的结果。通过参考财务部门进行保险索赔管理时表现出色的一些微服务，团队创建了一个满足他们大部分目标的工作流。

周一下午 3：00：营销部门正在试行一项新功能，提醒内部用户对来自社交媒体渠道的潜在客户进行分类。阿吉为运营部门试用了类似的功能，不过那里的提醒是从部门的数据库中生成的。该团队在上周合作实施了流程的自动化以及迭代共享库中的现有微服务，以便它可以连接到社交媒体平台并查询某些信息。他们已经提交了该技能的修改版，且已获批并发布到公司的共享库中。现在试点程序已启动并运行，他们正在实时观察交互，以快速调整其中一些已经开始进行自动化对比测试的交互项目。

周一下午 3：30：阿吉接到人力资源部的电话。该部门也在试验一种针对福利登记流程的新的自动化项目。内部用户一直在问，为什么这个流程会要求他们输入公司已经存档的个人信息。阿吉怀疑，当他们下周查看该部门试点的分析数据时，他们会发现用户在到达已经至少填过一次的空白字段时会出现掉队现象。

就这样，战略联络人几乎像蜘蛛织网一样在组织的内部网络中不停奔波，将机器、用户、流程和结果相互联结，以便为所有相关人员创造一个良好的工作方式。阿吉了解到，超自动化的一个有力指标，是现有的智能数字工作者不断被修改，以新的方式被投入使用，生态系统也在持续改进。

这样，他们不仅加快了部署速度，允许新任务的持续自动化，还扩大了组织内部共创的范围并提升了质量。

构想简述：让你的团队拥有"设计思维"

要将上述模式应用于组织，你首先需要统一战线，让组织中的每个人都能贡献自己的力量。为加速自动化进行设计需要解决大量相互关联的问题，而机构的不同成员理解这些问题的角度各不相同。这正是设计思维发挥作用的地方。

设计思维是为抽象问题量身定制解决方案的过程，它可以帮助你识别人类需求的核心。理解并运用设计思维的五个阶段，将使组织中的每个人都能参与到解决复杂问题的过程中。即使他们没有积极参与下面列出的步骤，也能基本了解设计思维的工作原理，以及它将如何在你的生态系统中发挥作用。这个过程也颇有益处。

1. 与用户产生共鸣——研究用户需求

在设计思维过程的第一阶段，你要深入了解用户需求，从而与你要解决的问题产生共鸣。共鸣对于以人为本的设计过程是至关重要的，它可以让你抛开自己原本对世界的假设，去真正洞察用户的需求。

2. 定义问题——陈述用户的需求和问题

在这个阶段，你将在共鸣阶段收集到的信息积累起来，并分析你观察到的一切。你开始定义问题时，实际上是在合成并优化你的发现，以确定在构建生态系统时需要设计的问题。

3. 不要仅仅把当前任务自动化——自动化的目的应是改善行为方式

将你自己、你的团队或组织当前的行为方式自动化可能会很有价值。

但以这种方式实现自动化，可能会让你错失超自动化带来的重大机遇。如果你创建的自动化反映了完成任务的理想方式，而且这并不是当前采用的方式，那么十有八九，它将为公司创造更大的价值。

4. 形成观念——挑战假设，并创造观念

现在是时候把你定义的问题带入构思阶段了。这意味着每个参与项目的人都要进行头脑风暴，跳出固有思维。创新永不会停止，若你创建的问题陈述不理想，寻求的替代方案可能就会带来创新。

5. 绘制原型——开始创建解决方案

在这一阶段，设计团队产出各种成本不高、等比例缩小规模的产品版本或产品的部分功能，以便在概念形成阶段能探查多样化的想法。

6. 测试——检测你的解决方案

现在可以将绘制原型阶段产生的可行解决方案在用户身上进行测试。这是整个过程的最后阶段，但解决方案测试之后的结果，可能是退回原型阶段，对设计进行修补完善。未来的迭代将改进有用部分、纠正无用的部分。方案将经历无数次的迭代——这是一个无限期的循环。

7. 迭代

现在可能你已对整个过程了如指掌，但切勿忘记迭代是其中的关键（甚至核心）要素。如果你的设计战略真正重视以用户为中心的原则，那么毫无变动就是你的敌人。战略设计的关键是要尽快达到一个可以迭代的点。一旦你有了要测试和观察的东西，就迭代，迭代，再迭代。

设计思维是解决超自动化中复杂问题的理想选择，但在这种情况下，很难识别人类的核心需求。在你的机构中，能参与解决这些复杂问题的人越多越好。

行动要诀

- 超自动化的成果取决于你的核心实施团队的能力。这些人提升了超自动化的各个方面。更重要的是，你要让组织中的每个人都能轻松地创建和改进他们自己的自动化。

- 核心实施团队应由几个熟悉变化形式的团队角色以及战略联络人组成。战略联络人是将核心实施团队所做的工作与组织结构紧密联系在一起的人。

- 战略联络人生活中典型的一天包括与整个组织的不同部门会面，解决具体问题，推进共创文化，并赋予每个人参与追求超自动化的权力。

第 11 章
工具及架构准备

人们常将处理规模大、覆盖面广的事情比作登山。确实如此，实现超自动化的过程给人的感觉如同攀登珠穆朗玛峰，是一个充满艰辛而又危险的巨大挑战。

登顶需要团队齐心协力付出努力，还要有清晰的规划和战略。和登山者一样，你应提前做好全面的计划，还要准备好合适的工具。不管怎么说，穿着人字拖到达珠峰基地营总不太合适吧？或者换个比喻，要驶入超自动化的浩瀚海洋，仅有一叶扁舟是断然不可的。你必须有合适的工具来实现迭代及对解决方案微调的全面控制，从而构建我们描述的生态系统。这里需要主要考虑可行性和可选性——它们可通过一个开放性系统来实现。这样你的组织就可以自行控制开发周期了。

用于实现超自动化的工具——尤其是会话应用程序，通常属于以下三类。

1. 工具包

工具包是构成对话体验的原始组件。经验丰富的人员会利用工具包进行微调甚至自己搭建平台。因此，使用工具包的时间成本较高，而且需要制订明确计划。工具包的使用往往还有一定限制。例如，谷歌的Dialogflow 机器人就只能同谷歌的其他人工智能工具协作。

2. 单点解决方案

这是针对特定场景设计的机器，是市面上最常见的一类工具。单点解决方案可能足以应付现有的需求，但很难超越竞争对手在客户体验上的丰富经验，而且他们也很容易过时。事实上，你也应该能预料到：单点解决方案不能满足快速迭代周期的要求，所以会对扩展能力的提升形成阻碍。由于这类解决方案的使用较短时间，所以不应在上面投入过多。

3. 平台

构建合理的平台，其复杂性介于上述两者之间。好的平台比工具包易于实施，但密集性要高于单点解决方案，其灵活性差异也很大。超级自动化的平台应是一个开放系统，在其中可以根据需要对任何人工智能产品进行任何方式的编排和排序。这些类型的平台可以完成大约80%的工作，剩余的大约20%留给你自定义（但全部归功于你）。你可以将整个组织范围内的平台作为形成设计优先工作方式的入手点。它本身也能助推这一进程。但须留意，如果想从单点解决方案扩展至平台，其方案就必须提供一个开放式的生态系统，以便于实现任何需要的工具（而不仅限于其系列解决方案）。否则，你将很难达到超自动化所需解决方案的迭代速度。

我们在 OneReach.ai 为构建智能数字工作者生态系统而设计平台的过程中，公司团队成员，包括数学专家、语言学家、数据科学家、用户界面 / 用户体验分析师和人工智能科学家，在我们自己的珠峰脚下集结，准备出发。当时，我们基本上是使用工具包来构建自有平台的。我们设定了一个非常清晰的愿景，然后通过不断的迭代和调整予以执行。这一过程颇为漫长，经过对 10 000 多个对话应用超十万小时的研究、设计和开发，我们打造了一个用于实现超自动化的开放平台。一家公司的超自动化程度越高，自主运营的能力越强，也就越有竞争力。

超自动化不是机器学习，甚至也不是智能自动化。它也不是自然语言理解、自然语言处理、交互式语音应答响应（IVR）或机器人流程自动化。超自动化不是工具，它是生态系统和生态系统的组件／元素排序的方式。超自动化发生在一个生态系统中，在该系统中你可以使用这些工具（还有很多其他工具）自由编排。当你启用这种生态系统后，最初的尝试可能面临失败，这会导致信任度有所下降，从商业角度来看可能会让人觉得风险太大。毕竟，在一个由图形用户界面主导的世界里，简单应用只要能按预期做好一两件事就可以了。但在对话式设计里，如果一个解决方案只能做一件事，那它必然是失败的。

坦率地说，仅靠简单的聊天机器人、自然语言理解、交互式语音应答响应和机器人流程自动化完全不可能实现超自动化。成功的对话式应用和超自动化生态系统，都是依靠这一核心原则而设计的，即努力提供优于人类的体验。之前，只有公司会实施对话式人工智能。它虽然由于体验不佳有一些负面影响，但确实能节约大量成本。现在，我们已进入一个将以对话界面作为组织主要入口点（通常是客户和员工使用）的时代。这种界面要成功发挥作用，需要与一切建立连接并提供很多功能。确实，要达到范围广泛、功能多样的目的，唯一的方法就是从更多、更快的失败经历中去找经验。

我们暂把登山的比喻换成喜剧演员的例子：当喜剧演员和观众完美互动的成功节目构想尚未被完全实施时，他们通常需要迈出令人生畏的第一步，即把新构思搬上舞台，然后勇敢面对可怕的失败。他们深知，这一过程虽然痛苦，却会让他们逐步进步。这些优化同他们引发的即时反应是密切相关的，因而只能通过迭代来实现。随着时间的推移，迭代式的调整便能带来更丰富的体验。喜剧演员越是对这种充满不适和不可知的过程习以为常，他们就越善于从这种不适中汲取成长的力量。这个道理同样适用于超自动化的发展。

在失败中前进，这是敏捷等迭代式项目管理方案的核心。但超自动化还需要更高的速度和灵活性。敏捷的组织无疑可以占得先机，至少，其设计思维和尝试新想法的意愿对于超自动化是非常重要的。但我所说的开发周期不是几天或几周，而是以小时来计算的。对于任何正准备参与这场比赛的组织来说，最好的选择便是选择面向未来的工具——只有它们能让你对要使用的其他工具以及使用方式具有绝对的控制权。

德勤（Deloitte）称，市场处于人工智能"早期采用"阶段即将结束，"早期多数"阶段即将开始，各家大型公司将见证这一历史性的转折。据国际数据公司（IDC）预测，人工智能技术方面的支出在 2024 年将超1100 亿美元。IDC 人工智能项目副总裁瑞图·乔蒂（Ritu Jyoti）表示："公司都会采用人工智能——不仅仅是因为他们具有这个能力，更重要的是他们不得不这样做。"公司的购买决策越来越成熟，他们只会选择功能强大、灵活性强的产品。

Communication Studio G2 平台

OneReach.ai 公司的 Communication Studio G2 平台是一个无代码的超自动化环境，用于快速创建对话应用程序。它的设计是专门用于促进所有开放人工智能技术的排序，并支持在任何渠道上运行。当你可以通过客户首选的渠道（或周边的渠道）与之相连接时，你的机器就"隐形"了。这种全渠道支持，可以达到无与伦比的强大功能和灵活性。笔者一直致力于利用这种力量和灵活性来提高人与机器或机器相互之间的对话体验，而且已经取得了成功。高德纳公司2022年首届《2022年企业对话式人工智能平台魔力象限》（*2022 Magic Quadrant for Enterprise Conversational AI Platforms*）报告中提到，OneReach.ai被评为愿景完整性及执行能力方面的领军企业，CSG2也荣膺高德纳首个《企业对话式人工智能平台关键能力》报告中得分最高的平台称号。我们参与评选的五个用例中有四个（客户服务、人力资源、呼叫中心语音机器人和多个面向员工的机器人编排）都获得最高分，IT服务台（IT Service Desk）用例则排名第二。

除了在开放性和灵活性方面的努力，我们获得这些荣誉还有另一个理由：围绕用户体验而设计构建。总是只关注新兴技术本身，是在新兴技术（例如机器学习、过程挖掘和自然语言处理）方面容易犯的一大错误。笔者和笔者团队的核心成员在体验设计方面都可称得上是先行者。我们更专注于设计有意义的方法来创建、实施和使用解决方案。

高德纳、快公司（Fast Company）、爱迪生奖（Edison Awards）和德勤等知名权威参与，将我们的对话式人工智能平台同美国太空探索技术公司（SpaceX）、戴森（Dyson）和IBM等全球创新企业以及微软、亚马逊和谷歌等人工智能技术主力供应商比肩而论，令我非常自豪。而且，看到各大组织能发现CSG2的潜能及其能够逾越的障碍，我倍感激动。

通过工作，我对不同组织的不同需求以及如何满足这些需求日益了解。下文我将谈到，实现超自动化的各种工具和架构是如何发挥实际作用的。CSG2旨在为对话式人工智能和其他技术的排序提供支持，以实现超自动化。因此我们将以它为例，指导你如何登上超自动化的顶峰。

微服务的核心实质

我所说的自动化规模是使用微服务实现的。通过将一项技能分解成多个组件服务，然后将后者进一步分解为组件步骤，这样你就可以获得一组灵活的、可无限定制的微服务。在智能生态系统中，微服务可以从共享库中的任何位置被提取、修改、排序和部署。你可以创建新的自动化，不断迭代、重新排序和重新部署全新微服务。

在生态系统形态的定义上，微服务对应的是工作流。这些有序的微服务流构成了一个智能数字工作者所利用的服务和技能。一个强大的生态系统拥有一系列能以各种方式排序的技能。微服务在自动化生态系统中的工作原理如下文所示。

莎拉（Sarah）是一家汽车零部件供应商的销售助理，客户致电给她下订单前，需要先验证自己的身份。莎拉的核心支持团队（见第10章）就像登山高手夏尔巴人一样，引领着他们所在的组织前进与发展。她接受了培训并被任命使用平台的无代码工具来构建新服务和技能。

莎拉想训练一个智能数字工作者代她处理一项工作——为打电话给她的批发买家进行身份验证。对莎拉来说，创建自动化工作流程的技术难度类似于创建一个复杂的电子表格。这个过程无须编写代码，所以并不太难。事实上，她的工作大部分技术性不太强。莎拉现在面临的挑战是，解决方案能很快出台，而对使用该方案的体验进行细节调整将需要大量的迭代。

她在共享库中找到了一种身份验证的技能，但其运行方式并不完全符合她的需求。（依靠短消息进行身份验证的方法对莎拉的批发买家不适用，因为他们很多人所在的国家/地区短消息服务不稳定。）于是她搜索技能流，找到了一些能提升工作流短消息组件的微服务，并将其替换为使用 WhatsApp 的步骤。现在，新创建的自动化功能就可以完全按照莎拉期望的方式运行了。

在下一阶段，莎拉核心支持团队的质量控制人员可以帮助她测试原型自动化。莎拉和体验设计师还想基于她的路线图，一起做进一步的完善——这就是这项技能开始进化的标志。自动化从启用的那一刻起，就开始节约时间成本。莎拉感到自己有能力构建更多的自动化（需要的帮助更少了）。这项自动化也被加入组织的共享库，以便其他人从中借用和迭代。此技能还支持随意微调，因此任何人都无须苦苦等待外部开发团队来做必要的更新。（莎拉发现这种情况特别有用，因为过去她总是受供应商开发周期所限放不开手脚；而且，她现在也知道同事们会谨慎调整专有工具及打破其原有功能的限制。）

核心实施团队的工作，使莎拉和其他很多跨部门工作的员工都能够通过全新的方式设计和排序微服务来构建新的自动化。总而言之，设计和实施战略自动化会为客户和团队成员提供有益的体验，从而增加了他们的产出。

但是请记住，无代码创建只是一种工具。就像并非学习编码就能当程序员一样，如果你不了解如何使用无代码创建，那么就算拥有访问权也不会有多大意义。在本例中，莎拉基于她岗位和部门特有流程方面的专业知识，才能够成功开发软件。如果你不了解如何利用无代码来创建更优的方式解决问题，那么它对你来说只不过是个噱头。例如，某人可能可以快速轻松地打造一款看似令人咋舌的软件，但该软件的深度完全取决于它以何种方式满足实际需求。借助开放度和更高速度，以及对你准备自动化的任务有所了解的人员可访问的工具，你的组织可以实现更快准备就绪、更易于部署、可重用且高度可扩展的自动化。

但这种软件设计方法需要注意保持平衡。如果使用无代码创建太大的模块，解决方案的灵活性就会降低。模块太小，又会很快难以承载自身的复杂性。因此，只有专业开发人员才能成功实施，通过跨部门的协同工作才能实现并维系这种平衡。这就是人工智能需要团体协作的原因。它的达成需要谙熟自动化流程的人员和懂得如何在我描述的复杂集成生态系统中生成这些自动化的人员相互协作。

构想简述：微服务，你的新朋友

微服务是组织中任何人都可以通过共享库获得技能的构造要素。为实现超自动化而构建的生态系统需要微服务的灵活性和可互换性。微服务的优势如下。

准备更快：由于开发周期缩短，微服务架构支持更敏捷的部署和更新。

伸缩性强：随着对某些服务的需求增长，你可以跨多个服务器和基础架构对微服务进行排序和部署以满足使用需求。

复原力强：合理构建的独立微服务互不影响。换句话说，某一个微服务故障不会导致整个智能数字工作者崩溃。

易于部署：由于微服务的应用是模块化的，其规模比单体应用程序小，因而不存在传统部署的相关顾虑。微服务需要更多的协调工作，但同时也会带来巨大的回报。

快速和易于访问：大型应用被分解为小的片段，便于开发人员的理解、更新和升级，从而缩短开发周期——尤其是在与超敏捷开发方法相结合时。这也将促进分散的团队进行协作。

可重用：微服务可以以不同的方式与其他微服务的不同集合进行排序，以构建新的技能和服务。它们也可以在现有序列中被调整以产生不同的成果。

更开放：通过多语言应用编程接口，开发人员可以自由地为所需功能选择最合适的语言和技术。

超自动化编排需要开放系统

在为超自动化构建的生态系统中，对话会在所有正在发挥作用的独立节点之间建立连接。当一组尖端技术以永久性的智能方式排序，以实现持续智能化的业务流程自动化时，组织就会实现超自动化的状态。在这些生态系统中，机器与其他机器通信，同时也有人与机器的对话。在真正优化的生态系统中，人类已经在训练他们的数字替身通过对话界面善用上下文解决问题了。

这些创新、算法和系统组合在一起构建了所谓的通用智能。封闭系统由于只能使用谷歌或 IBM 独家提供的工具，不可能实现这种情况。例如，如果你绑定了某个自然语言处理或自然语言理解供应商，那么你的开发周期必会受限于他们的时间安排和处理能力。实际上，这是组织在选择供应商上常见的一个失误：他们很容易把自然语言的处理和语境划归为人工智能。实际上，自然语言处理 / 自然语言理解只是构成用于创建人工智能的生态系统的一项技术。也许更重要的是，在使用开放系统方面，自然语言处理 / 自然语言理解属于生态系统中可编排的众多模块化技术的一部分。"模块化"意味着一旦有更好的功能（如优化的自然语言处理 / 自然语言理解）出现，开放系统就立即准备好接纳并使用它们。

在迫不及待地踏上超自动化的过程中，自然语言处理 / 自然语言理解和对话式人工智能通常会成为组织的第一块绊脚石。组织试图在其运营的某些方面实现自动化时，往往最后只是部署了几个聊天机器人。这些机器人在各自的封闭系统上运行，没有被精心编排。不难想象，它们创造的用户体验将是极不理想的。

以汽车制造领域为例，在某些方面，如果所有的东西都来自同一个供应商，或者制造商提供自己生产的零件，那么供应链管理就会更容易，但会给生产带来不良效应。福特作为装配生产线高效的先驱，其供应链包括超 1400 家一级供应商，供应和原材料之间的层级多达 10 层，为确定、降低成本以及避免经济转变提供了重大机会。福特的情况代表了一种可行的理念，其中也涉及超自动化。当然自动化涉及的是一组复杂性更高的变量，但要是依赖于单一的工具或供应商，流程各个环节都会受阻，创新、设计、用户体验将无不受到负面影响。

"到目前为止，人工智能大多数顶尖的成就都属于相对封闭的领域。"这是本·戈策尔（Ben Goertzel）博士在他以"去中心化人工智能"为主题的 TEDx-伯克利演讲中提到的一句话。他以游戏为例，谈到了人工智能程序下国际象棋可打败人类的事实。他同时提醒我们："如果把我们日常生活世界里的混乱和光辉同时加诸它们（这些应用程序）身上，也会让它们压力太大，喘不过气来。"

戈策尔多年来一直在 OpenCog 基金会、人工智能协会（Artificial General Intelligence Society）和奇点网络（SingularityNET）这些前沿领域工作。SingularityNET 是一个去中心化的人工智能平台，它可以让多个人工智能代理在没有任何中央控制器的情况下以参与的方式合作解决问题。

在这场 TEDx 演讲中，戈策尔还引用了马文·明斯基（Marvin Minsky）的著作《心灵社会》（*The Society of Mind*）中的观点："它可能不是由一位程序员或一家公司编写的一种算法。它可以为通用智能带来突破……它可能是一个网络，由不同的人工智能组成，其中每个人工智能都从事不同的工作，专门研究特定类型的问题。"

组织内的超自动化非常相似：由不同元素组成的整个网络以进化的方式协同工作。生态系统的架构师能够快速迭代，即不断尝试新的配置，最终得到最为适合的工具、人工智能和算法。从业务的角度来看，这些开放系统提供了理解、分析和管理新兴生态系统中所有移动部分之间关系的手段。唯有如此，组织方可制定实现超自动化的可行战略。

建立超自动化架构，指的是创建基础设施，而不仅仅是创建基础架构中存在的个别元素。所谓基础架构，指的是支持房屋、建筑物和社区运转的道路、电力和水路。它是很多组织在实现超自动化过程中遇到的拦路虎，因为模拟人类和自动化任务与购买电子邮件营销工具不同。他们没有预见为超自动化创建基础架构的宏大规模。

开放平台的好处是，你不必追求完善。从某些方面来说，走出已然熟悉的生态系统可能会令人恐惧，但由此人们也可享受其人工智能的广度和复杂性带来的优势。如果必须等到发展道路明朗后再开始行动，那会错失良机的。如果要为所有对话式人工智能需求选定一种风格或系统，就等于是给自己套上了一道枷锁，在需要尽可能多的工具时你将束手无策。要了解应该使用哪些工具，唯一的方法是尝试所有工具。真正开放的系统就能实现这一点。

这种技术在 CSG2 这样的工具上已被抽象化。这样，莎拉根本不必去考虑架构本身或其幕后的一切，而可以专注于创造体验。先于 IBM 和亚马逊等大公司获得高德纳的认可，对我的组织来说确实是荣幸之至。这个巨大的荣誉也证明，我构建的开放系统是实现超自动化的有用系统。

凭借开放系统的优势，莎拉从根本上消除了对于开发人员的需求。她自己现在就是不需要写代码的程序员。她通过代理让团队里的软件开发人员都成了超级程序员。莎拉目前正在创建一些新功能并将其做成了模板。在功能提交到公司的共享库之前，核心实施团队会审查其质量控制和标准。这一过程中，她的同事们还可以利用这些技能为他们的智能数字工作者提供资源。

通过构思自动化、排序合适的微服务来实现自动化，并同整个组织分享技能（这些工作都无须编写任何代码），莎拉能将她在工作流程方面的实践知识以长远高效的方式应用于智能数字工作者培训，同时也增强了整个生态系统的能力。

可以想象，微服务的这种分布式开发和部署会给你的整个组织带来巨大的推动力。你还可以同时创建多个应用 / 功能，即让更多开发人员同时从事同一个应用的开发，从而缩短开发时间。这些活动的蓬勃开展，皆源于在开放系统下可以随意对任何供应商提供的新工具进行排序。

面面俱到

创建和管理智能数字工作者生态系统可能是一项极其复杂的工作。为应对这种方法所特有的挑战，我们的平台应运而生。你首先应确保已将以下方面都纳入考虑，然后就可以专注于让非开发人员快速轻松地编排对话式及开展非对话式尖端技术的工作，从而更自如地应对微服务架构带来的独有挑战。

构建：在组织流程时，确定服务之间的依赖关系很重要。你应注意，这种关系表明一个微服务的变更可能会影响其他微服务。你还需要考虑微服务对数据的影响，以及如果更改数据来适应某种微服务的话，可能就会对依赖相同数据的其他微服务产生哪些影响。

测试：集成和端到端的测试非常重要。如果体系结构的某一部分出现故障，就可能会导致相隔不远的其他部分也出现问题。

版本控制：你应牢记，如果只更新至新版本但缺乏向后兼容性，就可能会出现一些问题。你可以构建条件逻辑来处理这类情况。如果管理不当，那么这种手段可能就会操作性差而且其导致的结果也不会如意。你还可以使用不同的流程建立多个实时版本，但可能会导致维护和管理难度进一步加大。

日志记录：如果使用分布式系统，你将需要一个集中型日志将所有内容汇聚起来，否则其规模会大到无法管理。系统的集中视图有助于你准确查明问题。CSG2 可以为你完成大部分的工作，但仅限内置事件、错误和警告，其他事件你必须亲自管理。

调试：当出现通过用户交互报告的错误时，如果没有报告微服务错误或警告日志，你就很难查明到底是哪个微服务出了错。简单应用（例如聊天机器人、机器人流程自动化或交互式语音应答）的自动化相对容易，但是当你发展至引入上下文、内存和智能的级别时，识别除错误或警告之外的问题会异常复杂。

合规性和安全性：在应用如此强大和广泛的技术时，组织需要确保他们的计划密切关注了任何潜在的合规性和安全性问题。事实上，为超自动化构建的生态系统属于开放系统。将各种独立的技术排序在一起，并且共享信息，这可能对个别组织来说具有特殊的挑战性。在这方面，没有放之四海而皆准的方法。

对话式人工智能的基础架构拓扑

构建生产状态就绪且安全的对话式人工智能应用需要有相关专家支持、软件开发所需的时间和资金，这令大多数公司退避三舍（图 11.1 和图 11.2）。不过一旦你做好了全面的计划，就可以在不牺牲灵活性的情况下实现包容、快速和可扩展的操作。

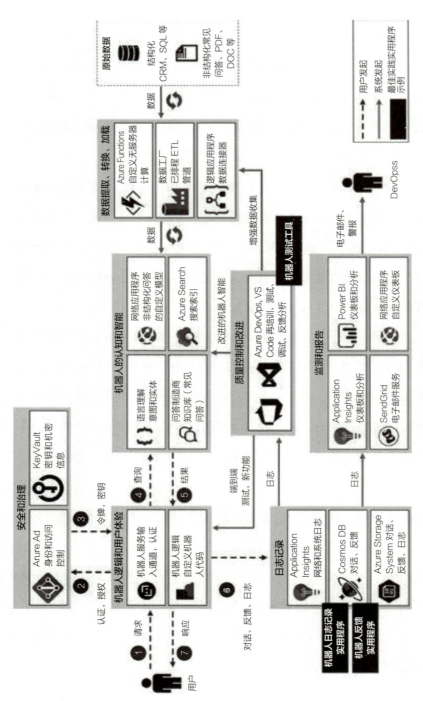

图 11.1 示例生态系统架构

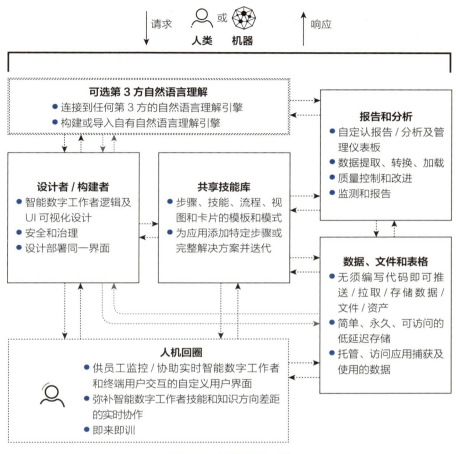

图 11.2 拓扑结构一览

可行性重在速度

你需要让自己有能力在任何渠道中快速创建优秀的对话体验（由最新的人工智能提供支持）。能造就出色体验的构想往往是灵感一现而非事先计划。因此，卓越体验的关键是快速迭代而不是瀑布式开发。在超自动化上，速度是制胜法宝。事实上，我们正在尽力做出覆盖所有方面的计划，以便于为将来快速发展打好基础。迭代次数越多，最终体验就越好；迭代速度越快，体验就会更快、更好。

伦纳德·科恩（Leonard Cohen）在发行单曲《哈利路亚》（*Hallelujah*）之前，曾用 70 多种不同的方式对其进行创作。即便如此，他仍然感觉此作品尚未真正完成。同样，你的对话体验也永远不会"完成"。出色的对话体验通常不是按部就班地先在图表或电子表格中创建好，再交给开发人员构建。它们皆来自原型设计、迭代、用户测试、废弃一切并重新开始这样的循环。

伟大的体验和复杂的体验是有区别的。在自动化领域，后者是通过进化而来的。坐下来然后一举打造出复杂巧妙的用户体验完全是痴人说梦。

这就是在打造出色体验时速度至关重要的原因。在任何情况下，我们都很难通过迭代获得卓越的体验，在这个全新而复杂的超自动化世界里更是如此。你需要确保你的工具能够尽可能轻松地进行原型制作、迭代和测试。无论你使用什么平台来促进超自动化，都需要将速度作为构建的主要因素。笔者构建 CSG2 的目的是采用更敏捷的方法来创建会话应用程序。这种方法应能够使技术能力不同的人协同工作，从而能在数天而不是数月之内轻松创建出色的对话体验。

用设计及扩展技能和智能数字工作者来装备自己

想象一下，你在攀登珠穆朗玛峰的半途中遇到了一个垂直的冰墙，你或许可以利用绳子和冰爪来翻越它，但是你的整个团队可以使用专用冰镐来实现更快攀登。

笔者使用专为创建智能数字生态系统量身定制的工具设计了公司的平台。在该生态系统中，你可以轻松智能地共享信息，并且组织中的任何人都可以参与改进。你也可以找一些其他的工具，这些工具或多或少地能为你需要覆盖的每个方面提供一些协助——但要构建一个支持共创的无代码生态系统，你需要将所有工具协同起来发挥作用。下面将介绍一些注意事项，最好使用效率最高的专业工具来处理。

当团队成员自动执行任务并创建自己的技能和微服务时，你的共享库将继续发展成为生态系统中其他创作者和智能数字工作者的资源。这为你的生态系统有机扩展和发展创造了条件。它本身就像是一个宇宙，拥有数量不断增加的微服务，可以对其进行排序以应对任何问题。

为了达到这一状态，你需要以下专业工具。

1. 人机回圈

人类需要能够在智能数字工作者工作时进行监控，在机器不知如何处理或需要指导时进行指导。智能数字工作者可以从正在进行的以人为主导的自动化任务改进过程中学习。

生态系统的持续进化和扩展依赖于人机回圈过程。人类是生态系统的重要组成部分，他们同自己的智能数字工作者完美配合互相帮助、提供咨询并创建较优的响应和行动。一个智能数字工作者及其技能的四分之三侧视图见图 11.3。

为了促进人工智能训练并在需要体现出"人情味"，人们需要能够实时审度由智能数字工作者管理的对话。

这些体验干预能让智能数字工作者从人与人的实时交互里学到东西——当你的组织成员引导用户继续下一步时，智能数字工作者就获得

图11.3 一个智能数字工作者及其技能的四分之三侧视图（高度表示复杂性增加）

了新的上下文数据。智能数字工作者通过在线培训保留的知识和技能，可以为整个组织更好地服务。

智能数字工作者向人类同行学习的时间越多，生态系统的进化速度就越快，它们会变得更有能力，需要的人为干预也会逐渐减少，使人类能够抽身从事自动化的更多任务。此外，如今还出现了人和智能数字工作者一起设计或修改技能的机会。这种情境相当简单，类似于一个人意识到他们应该在提供服务之前培训智能数字工作者如何收取费用。

我们从另一个角度来看这个示例：智能数字工作者查看分析数据，并发现请求预付款选项的大量用户可以联系上人工客服以了解交易流程。

2. 共享库

共享库是生态系统的核心资源。每个人都可以从中提取微服务、技能和流程使用。当针对新服务来定制这些元素时，这些信息就成为共享资源的一部分。共享库对于超自动化至关重要。它为你的组织提供最佳实践来扩展知识共享、加速开发，同时控制安全性、合规性、监控、最佳实践、一致性和可扩展性。

3. 可操作文档

为你的共享库提供准确的文档非常重要。通过文档，你的成员能了解有哪些技能和微服务可用、可操作，以及在他们创建新解决方案时如何利用这些资源。

4. 快速构建和迭代主要技能

在创建智能数字工作者时，你需要能够快速构建和迭代主要技能，例如能够在任意数量的特定通信渠道（Slack、电话、短信、电子邮件、网络聊天等）运作。理解自然语言也是智能数字工作者的一项主要技能，必要时还能引入人机回圈。

5. 视图、仪表板和小部件

你必须能生成同你的对话体验相关的自定义报告视图、仪表板和小部件。这些工具用于触发自动化任务，且支持基于现有数据进行的实时分析和调整。根据定制报告中的分析和触发事件，你可以让对话式应用在发生此类事件时调整它们带来的体验。

6. 从多个知识库汲取灵感

如果你试图将现有的对话应用程序集成到你的新兴生态系统中，那么你将需要一个工具让智能数字工作者可以按需访问由多个知识库构成的知识园区。例如，利用一个工具让智能数字工作者可以利用你的人力资源团队构建的知识库、通过 IBM 沃森系统（Watson）运行的知识库，以及你从人力资源求职者跟踪软件获得许可的知识库。在一定的时候，你可能需要在其中加入第三方应用。因此，你还需要一个能灵活执行此操作的工具。

CSG2 的设计已将这一功能纳入考虑，它不仅可以轻松集成第三方应用程序，还能方便构建你自己的内部知识库。

7. 轻松访问存储的数据

为会话应用程序获得数据并低延迟使用提供简单、永久、可访问的存储是很重要的。如果你想要这些经过设计和优化的工具，在用户与你的智能数字工作者交互时，能在后端更轻松地托管和访问数据，就可以将你的自动化体验与应用程序接口、自有文件、工作表或数据建立连接，从而为其流程提供支持。你需要能够在不编写代码的情况下推送、提取和存储数据。

8. 对语音的端到端控制

在使用对话式人工智能时，音频的完整性至关重要。如果要在自然语言处理、自然语言理解和交互式语音应答方面获得有意义体验，你就需要在客户连接点和智能体之间提供高质量的音频。选择支持语音的技术平台时，请确保其可以支持对每次交互进行端到端控制。在出现问题时，这是有效而创造性地解决问题的唯一方法。通过端到端控制，原型设计、测试、查看流量、管理渠道和应用编程接口、处理报告等都可以在同一位置进行。同样，对于语音网关保持谨慎也很重要。以 Zoom 会议系统为例，如果在场的每个人都使用 Zoom 应用进行连接，Zoom 就可以控制连接的质量。任何人通过远程电话线拨入会议都需要通过语音网关访问，但该连接的质量高低并不在 Zoom 的控制范围内。

只要有可能，你应该让所有用户都能使用受控线路呼入。想象一下，如果你唯一的办法是沿着蛛网般复杂的技术和供应商的线路追踪，那么要弄清楚终端用户电话中断的原因会有多困难。在这种情况下，由于供应商会因为这个问题互相指责推诿，你可能最终会陷入一场小规模的纷争。但是，如果你对语音输入进行端到端控制，就可以使用分析和报告来绘制流量图表并准确查看通话中断的位置。

9. 拥有自己的路线图

如果你在攀登珠穆朗玛峰的半途中，发现需要一个重要的工具才能到达下一个检查站，有能力的话最好当时就地把这个工具制造出来。通过无线电联络大本营，请他们派人把工具送来，会浪费宝贵的时间。CSG2 允许你根据需要构建工具，而不是依赖平台的开发团队并浪费他们生成解决方案所需的时间。

10. 结合使用基于规则的人工智能和神经网络

在人工智能领域，一般有两种模型：基于规则的模型或神经网络模型。每个模型有各自的复杂性，关于两个模型的讨论也始终存在。实际上，你可以运用适当的技巧和工具将两个模型的元素结合起来，以减少你的体验设计师对于大量培训数据的需求，从而提高解决方案创建速度。

通过将历史数据加载到机器学习模型中，可以建立既往对话的通用版本，但不一定能创造良好的体验。将神经网络的学习能力和基于规则的人工智能的强大功能相结合，体验设计师可以利用较少的数据来应对新设置、新问题。

如果再在其中加入人机回圈系统，前期的对培训数据需求就几乎可以忽略。

无代码，则少障碍

五十年前，如果你从事的是计算机方面的事务，几乎可以肯定你是在公司的"信息技术部门"工作。如今，信息技术部的概念已经过时。几乎每个人都在同电脑打交道。现在，我们需要将同样的动力应用于软件开发领域。目前大多数公司都使用第三方的软件来解决方案、咨询供应商，也可能有一个内部软件开发部门来构建／编码公司所需的软件。想象一下，世界上人人都可以构建软件解决方案（就像现在每个人都可以使用计算机一样）将会如何？

你不必为这个愿景等待50年，巨变即将来临。"开发部门"即将成为历史。你的公司能以不编写代码的方式对业务流程、任务和通信的自动化进行编程，不再需要传统的开发周期，这同时也是加速生态系统增长的关键因素之一。

要实现这一愿景，首先需要挑战现状。你的组织需要打破两种特定的范式。第一个范式是三重约束或铁三角：快、便宜或好，必须三选二。（图11.4）第二个范式，灵活性和可用性二者只可选其一：如果一个平台是灵活的，那么就很难驾驭；如果易于使用，它必将缺乏灵活性。（图11.5）在开放平台下，这些约束性的范式完全被瓦解粉碎。如今有了无代码模式，人们根本不需要做出这些妥协，也没有必要再服从于这些局限。我的团队已见证客户创建了10 000多个人工智能应用，我们的平台用户有80%不会编写代码。当你组织中的任何人都可以参与生态系统的发展时，你可以快速创建低成本且有效的解决方案，而无须在可用性和灵活性之间做出选择。这便是成功实现超自动化的捷径。

要迅速提高超自动化的效应，目前最有效的方法是准备好采用快速无代码编程。正如前文所述，当技术本身退居幕后时，你组织的成员可以直接参与将他们最了解的任务自动化的工作。请记住，无代码创建只

图 11.4　铁三角 / 三重约束

是一种工具，具备必要的经验才能使用。谁最了解机构内部的问题，谁就最有能力解决这些问题。解决方案应让那些更深受问题折磨并深谙应采用何种解决方案的人来做。要为能阐明自动化流程的人员提供支持，开发人员需要能对自动化成果进行够细化、够清楚的描述。无代码不是说代码不存在，而是将幕后的混乱掩盖起来，使其对于最终用户不可见。对于软件构建者来说，内部运作也同样被隐藏起来了。

　　关于另一个上下文示例，我们可以想想过去几十年里网页设计领域的变化。最初，人们需要对编码语言有相当深入的了解才能创建静态网

灵活性 / 可用性权衡

"二选一"

灵活　　　　　　　易用

图 11.5　灵活性 / 可用性权衡

站。随着网站更具交互性和功能性，构建它们所需的知识也更加复杂。但最后会有一些工具协助不具备网页开发技能的人通过自定义现有模板来自建网站。

网页发展到如今的阶段，即便是计算机能力有限的人，也可以在一个下午就建成一个单一用途的多页面网站（例如，一个为即将举行的婚礼收集整理信息的网站）。超自动化打开了创建单一用途软件的大门。我在准备全家的搬家事务时，发现自己就因此而获益。当时我们要从科罗拉多州丹佛市的家中搬离，需要将家中所有物品编制索引并装箱。我们计划去墨西哥度假，打算将有些物品提前寄往墨西哥，再到加利福尼亚州伯克利去取别的东西。

我可以使用我设计的平台快速创建一个智能数字工作者，并与妻子共享。该系统相当简单。我们中的任何一个人都可以告诉这个智能数字工作者我们要开始打包一个新的行李箱。智能数字工作者会为那个箱子分配一个号码并询问要将它送到哪里（墨西哥？加州？还是我兄弟在科罗拉多的车库？）。我们完成装箱后，就可以把照片和 / 或内部物品的描述发给智能数字工作者。几个月后，我想找摩托车头盔时，向智能数字工作者查询它在哪里，智能数字工作者便能告诉我头盔在几号箱子的哪个位置。

我创建这款单一用途软件并不是因为它很酷，也不是因为它可以让我灵活运用平台的功能，仅仅是因为其操作简单，而且会节省很多时间。这代表了无代码创建的承诺：设计一种让生活更轻松的自动化；设计即时完成，之后即可搁置一旁。

有了无代码对话式人工智能平台，人们无须任何必要知识即可自动执行他们理解的工作流程——只需通过自然语言与平台对话并使用简单的、可视化的、拖放式的编程即可。这正是我设计 CSG2 的原因：为用户提供无代码编程功能。共同创造依赖于每个人的参与，而无代码工具让任何人都能为出色的软件设计做出贡献，并迅速取得成果。永远谨记：速度是在这场比赛中保持竞争力的关键。

这是一种创建和管理软件的全新方式。将对话式人工智能设置为无代码创建的界面，这比让组织中任何人都能设计智能数字工作者的作用更大。人们使用这些工具和流程时，实质上是在开发软件。在这种新范式中，软件不是由开发人员创建的。设计（并经常实施）软件解决方案的，是对于待解决问题最为了解的人。在这种情况下，开发人员的角色非常重要。他们要就其生态系统的高层次技术事宜向机构提供建议，并在粒级层次上调整技能。就此而言，开发人员的任务是创建和完善组织中的人员用于创建和改进软件的工具。这代表了一种全面优化的软件创建方法。这种方法一旦常规化，将从根本上改变业务与技术之间的关系。

行动要诀

- 为超自动化构建生态系统，需要有工具实现对迭代及解决方案微调的全面控制——这主要涉及可行性和可选性。

- 超自动化需要一个开放性系统来实现，通过该系统你可以使用最好的可用工具，并让你的机构自主控制开发周期。

- 这种程度的自动化是将技能分解为多个服务组件，再将后者进一步分解为组件步骤，从而得到一组灵活的、可无限定制的微服务。

- 当计划覆盖所有方面后，你就可以专注于让非开发人员快速轻松地编排对话式及非对话式尖端技术的工作。

- 要增强超自动化的效应，目前最有效的方法是让公司准备好采用快速无代码编程手段。

第12章

仔细审查供应商

与相应领域的任何供应商接洽时，你应准备好要交叉检查的项目清单：语音和自然语言理解功能、渠道灵活性、兼容性问题、开发周期……清单项目可能随时会新增。

虽然这是一个复杂的问题，但在提出任何其他问题之前，你应该先确定：

> 供应商自己的业务中，有多少是由他们卖给你的同样机器来运行的？无论他们是平台供应商还是服务供应商，向你展示他们如何在自己的运营中采用自己的解决方案应该都不是难事。

如果他们真的找到了使超自动化大放异彩的方法，那么整个公司的人员就会定期创建、使用和迭代该技术。

鞋匠的孩子不愁没鞋穿：可行性供应商试金石

一个成功的智能数字工作者生态系统在效率和生产力方面起着颠覆游戏规则的作用。如果供应商已经知道如何使对话式人工智能的复杂性变得可行，他们必定会在自己的组织内部使用自己的产品（如果是服务供应商，他们必定会有越来越多的有意义的实例，证明机构内部人员都对此了解，而且会定期改进）。请向供应商提出诸如以下的问题进行评估：

- 你们是否已成功实现内部流程自动化？

- 你们公司内部的机器是否已成为运营不可或缺的部分？（还是说它们只是为了装点门面？）

- 你们公司内的成员是否因为看到了自动化的强大功能而极力申请配备更多机器？

- 你们在运用自动化方面有哪些成功技能和用例，可否列举一二？

如果供应商用古谚语"鞋匠的孩子不穿鞋"当作借口，那就要当心了。曾有一段时间，我自己的公司也使用这个借口：我们忙着创建解决方案，以至于不能自己亲身使用。但随后我便意识到这个借口有多牵强：如果我都不能让自己公司的员工使用自己的平台，那还如何指望客户让他们的员工使用呢？考虑到这一点，我和我的团队重新开始深入挖掘并破解代码。我们从最复杂的内部流程和操作入手，实现了最棘手部分的自动化。现在，我衷心希望同客户和合作伙伴分享这段历程。它不仅揭开了超自动化一些关键要素的神秘面纱，还表明我们了解如何让我们的平台发挥效用。任何值得追随的供应商都应该有类似的经历可以分享。

如果你已经审查过供应商并正与其合作，那请问问自己：我的迭代周期有多快？如果开发新技能或迭代需要一周以上的时间，那你最好开始物色其他合作伙伴。拥有合适的工具，对为你的智能数字工作者构建功能性生态系统至关重要。

有许多平台和工具可涵盖前文已大致介绍过的各方面，并有助于促进富有成效的构建。但据我所知，CSG2 是目前唯一能够满足我创建数字工作者智能生态系统所有需求的平台。你也可以重新构建自己的平台。以下的实用指南可帮助你寻找合适的供应商或平台。

随时向供应商提问

一旦供应商向你展示了他们如何在内部使用他们的工具，你就可以通过预先提出正确的问题来缩短寻找正确工具的时间。你要是花了数小时或数天时间来探索一个平台，之后却发现它无法满足可扩展策略的关键基本要求，那就悔之晚矣。提出以下类型的问题有助于你更有效地缩小搜索范围。

你拥有哪些类型的语音和自然语言理解功能？

- 自然语言理解在市场上的领先地位总是在不断变化，你能证明你的自然语言理解是面向未来的吗？
- 你可以使用多个语音转文本、文本转语音和自然语言理解引擎吗？
- 你是否依赖于各个自然语言理解平台和人工智能引擎，或者应用之间是否存在可移植性以应对进入市场的新供应商？

你可以在哪些通信渠道上构建对话体验？

- 你能否在同一个连续对话中同时保持上下文延续性的前提下，交替使用多种渠道（电话、短信、彩信和电子邮件）？
- 你是否与电话、短信和 WhatsApp 等渠道的特定通信渠道提供商进行了绑定，或者你的解决方案是否值得其他类似提供商借鉴？

开发和部署有哪些局限性？

- 什么样的分析促进快速、有意义的迭代？

- 创建和部署体验的速度有多快？

- 设计、开发、部署和迭代解决方案和体验需要哪些技能水平？

- 你是否能让非开发人员和开发人员都能创建对话式人工智能应用程序和任务自动化？或者你是否需要开发人员来构建你的解决方案？

- 你有现成的库和模板可以直接访问，还是需要从头开始构建这些库和模板？

- 如果你可以访问的工具和模板是无代码的，那么它们的灵活性如何？

在平台上培养新用户有多难？

- 最终用户可以访问哪些功能和控件？有哪些方面的幕后元素？

- 设计和部署的各个方面（包括开发、报告、安全和扩展）需要什么程度的投资（专业人员、部门、技术和时间轴方面）？

概念证明：新版 RFP

曾经的评估工具——需求建议书（RFP）已逐渐被各行各业摈弃，取而代之的是"概念证明"（bake-off），它提供了一种更实用、更有效的方法来寻找满足组织需求的解决方案。如果你的目标是超自动化，那你更需如此。要确定解决方案是否能够以及如何应用于你要解决的问题，最高效的方法是一边行动一边寻找解决方案。在多个平台上尝试进行同样的概念证明是确定适用平台的一个好办法。

这不是说你不应预先详尽考察。需求建议书往往长达百页有其合理的原因，而超自动化的复杂性绝不低于其他技术探索（相反，它更复杂）。

对于许多还没有完全采用更快、迭代次数更多的运营模型的组织来说，在供应商选择或采购流程中增加概念证明是有价值的——虽然这并不能完全取代需求建议书。

征求建议，等待建议，对比建议，再选用其中最好的版本，这是一个漫长的过程。当然，收集和实施过程也同样冗长。为期两天或三天的概念证明流程往往可以加快这些过程的速度。但对很多组织来说，它应作为需求建议书的补充而非替代品。

无论采用哪种方式，任何有价值的平台都将能围绕你的需求提供示例体验（如果他们在内部工作中采用了自己的产品则更为可信）；相反，如果做不到这一点，就说明他们的平台很可能无法很好地适应超自动化。CSG2 的设计相当易用，无论是原型设计还是参与概念证明，实际上都相当具有趣味性和启发性。

请记住，超自动化的实现取决于公司机构中技术能力各不相同的人员的设计输入。如果一个解决方案不能快速、轻松被激活，也没有显著的技术提升，它就很难有良好的效用。

永不忽视用户体验

糟糕的用户体验始终是放弃实现超自动化目标的最主要原因。对于像超自动化这样包罗万象、影响深远的事物，可用性是影响策略、流程和工具采用的首要因素。如果使用不合适的工具来追求超自动化，那你还不如干脆放弃尝试。因为如果解决方案没人采用，它就不可能服务于超自动化。

业内有一些平台公司，公开鼓吹他们聘用了领先的用户体验咨询公司和高级用户体验人员，以提高其平台的可用性。这种光鲜的表面下隐藏的事实是：如果供应商构建的平台需要在他们的帮助下才可用，那说明可用性对他们来说并不重要。无论投入多少人才和资金，他们所构建的产品都可能因采用率低下而无法成功实施。一个基本普遍的观点是，拥有最佳用户体验的公司（苹果、特斯拉等）都是围绕体验设计思维和战略开展业务的。而更多公司不过是草草建成一个可用的外壳，将孤立、功能失调的内容包裹起来，勉力支撑着蹒跚前行。在超自动化背景下，用这种方法根本难以起步。成功的超自动化需要关注直入组织中心的设计，而用于协调超自动化的平台需要在最基础的层级中内置可用性。

我的领导小组成员皆为体验设计领域的先驱，他们在 2000 年代初参与了这一学科的推动和定义，为奥多比、波音和联邦快递（FedEx）等公司创立了创新技术。这些人与我共事已几十年，我们在用户体验方面的经验加起来超过一个世纪。我喜欢有意义的挑战。多年以前，我一头扎进了人们对技术使用体验最糟糕的领域：与交互式语音应答的交互。没有人喜欢同 IVR 打交道，而且这一领域长期服务水平低下（20 世纪 70 年代之后就没有重大创新）——也许是因为没有人有足够的远见来接受这一技术。最初我参与了一个研究项目，旨在识别受损内容及其修复和重构。这一项目后来发展为我自己的超自动化平台。IBM 提出的人工智能基本设计因素中提道："我们的解决方案必须主要满足用户需求，而不是强制适应技术能力或要求。"对此，我深表赞同。

但 IBM 在应用方面还存在问题。由于目前它采用的解决方案是封闭系统，用户需求只能通过其自有系列解决方案的技术能力或要求予以解决。在极为真实的场景中，像 IBM 这样的封闭系统可能足以解决某些需求，但其他核心问题无法通过该系统解决。最起码，你的路线图将需要由他们的系统来定义。一旦受到此类限制，你就必定难以成功。根据斯坦福大学 2019 年"人工智能指数（AI Index）报告"，高德纳公司预测90% 的组织将放弃他们早期的超自动化尝试，主要原因是人工智能计算的速度每三个月就会翻一番，超过了摩尔定律的描述：即处理器速度每18—24 个月增加一倍。

这就是有助于成功实现超自动化的颠覆性技术类型的本质：它们的实力和潜力正以极快的速度增长。一个以满足用户需求为首要目标的系统应该善于采用外部技术，因为在为智能超自动化构建的生态系统中，优化体验的最佳解决方案可能来自任何地方。现在，世界上某个地方可能有一家你从未听说过的公司，他们设计的工具正是你为用户提供最佳自动化体验所需要的。有了开放式系统，你可以在需要时整合该工具，并就其最有效的使用方式展开迭代。但在封闭系统下，如果出现内部工具集无法解决的问题，你将不得不等待供应商提出解决方案，这足以打破你的核心业务计划。从这个意义上说，封闭系统的可用性标准非常低。在已经被打乱的聊天机器人蓝图上，销售和市场部门试图以预算为卖点说服客户。与此同时，呼叫中心还在继续朝无效的自动化解决方案不断投入，试图躲避对话时代的到来。在我设计的由体验设计思维驱动的开放平台上，创建场景相当容易，从而让每一次对话都成为一次机会而不是痛点。我并非想劝说你用我的平台来成功实现超自动化，但毋庸置疑的是，你需要选择一个开放性的平台，因为它的构思和创建都被纳入了可用性的考虑因素。请谨慎留意，切勿被那些声称以用户体验为中心、实际上只能在事后解决可用性问题的供应商误导。

行动要诀

- 尽早向供应商提出正确的问题，可以避免浪费时间探索不适合超自动化的工具和平台。

- 要确定解决方案是否以及如何应用于你要解决的问题，最快的方法是一边行动一边了解它。在多个平台上尝试进行同样的概念证明，这是确定适用平台的一个好办法。

- 如果供应商的解决方案非常适合构建这些类型的自动化，那他们自己公司内部就会使用，而且能快速展示成功实施的例证。

- 在平台上获得的经验不应该仅限于事后的想法。自己的团队都不采用的解决方案就不能称其为有效的解决方案。

第13章

向他人阐明你的策略

构建一个由智能数字工作者组成的协调生态系统是一项复杂而精密的工作，需要一个坚实的战略。虽然实施这些技术以实现超自动化对利益相关者来说可能是一个较新的概念，但许多设计原则、解决问题的方法和流程都已经相当成熟了。可能你面临的最大挑战是让决策者接受这样的事实：即这一过程需要组织内每个部门的参与，甚至可能涉及重组。

更重要的还有"1000 美元电灯开关"的悖论。简单地说，你要在房子里装声控电灯开关，在外人看来可能很滑稽。假设你需要花费大约 500 美元购买声控智能扬声器，200 美元购买可以无线连接的灯泡，300 美元购买智能手机来操作这些设备。那么，为什么要花整整一千块？难道就为了把一个本身就运行良好、不需要太费劲的功能自动化？外行人根本不明白你实际上是在为全屋的声控自动化做准备。

超自动化的运作方式与此相同。在起步时，你必须愿意付出"好似在犯傻"的代价。你需要进行大量投资，然后让自己接受这样一个事实，即通往超自动化的道路有很多像婴儿学步的步骤和摔倒在地的过程。你需要从细微处着手，但这些细节不会给人留下深刻的印象。到目前为止，太多公司都期望从能令人印象深刻的用例着手，这一开始注定会失败。他们直接从复杂的用例开始，将孤立的机器拼凑在一起，最终必定会导致它们的采用率低，甚至全部被报废。

你在自动化方面的初步成功可能看起来并无开创性，但它们有发展的空间，可以持续数年用作坚实的基础。随着时间的推移，随着越来越多的公司加入这场竞赛，也有越来越多的人体验到出色的应用典范。超自动化将更容易实施，并成为大家的首要选择。竞争对手和员工对它的期望也越来越高。如果在你读这本书的时候身边已有类似的例子，很遗憾，那你可能已经远远落后了，而迎头赶上并不容易。所以，现在抓紧时间开始吧，机不可失，时不再来。你宁愿现在被人认为是在犯傻，还是过几年来后悔：当初真是错过好时机了。

从细微处着手，从内部开始。组织能够解决的内部小问题可能是入门超自动化最好的选择。组织内外的人员在实施合理战略后，根据他们的角色不同可以体验到的益处也不一样。但如果你能够确定具体、可行的用例，情况就会变得更加明朗。考虑一下你想要从谁那里获得支持和参与，以及高级自动化将如何解决对他们有益的特定问题。请在更大的范围内确定你准备实施的战略将如何使相关方受益。你需要实实在在地让他们相信采用人工智能的构想，回报固然可观，但要求的前提条件往往也相当繁多。以下四种准备工作有助于为你的论点奠定坚实的基础。

1. 从内部入手

尽可能从内部开始具体任务而不是仅仅将日常工作自动化。对于大多数组织而言，从内部开始是加速采用人工智能的最快方式：关注员工并帮助他们完成更多工作，提高其对工作的满意度。

起点越是简单，就能越快地进入后续测试和迭代；而测试和迭代越早，就能越早制订出一个内部解决方案。在公司内部取得成功，就是展示人工智能接受培训的过程，而且会离开始测试面向客户的对话应用程序更近一步。

在这一阶段，你还没有可在其中真正发展自动化的生态系统，但你将展示自动化是如何创建的，从而能让其他人更容易想象超自动化的主要部分如何运作。你还将能在你已实现的自动化、未来的自动化，以及生态系统如何实现它们的持续改进之间建立起联系。

2. 以身作则

通过在内部创建自动化，你展示的解决方案将改善组织内部完成工作的方式。以身作则可帮助你周围的人更投入你准备开始的旅程（并为之兴奋）。在争取支持的过程中，你需要尽可能多的内部支持。如果对你的战略有更深入的了解，并对超自动化将如何促进公司发展有一个清晰的认识，就会更容易让人们深信，超自动化就是最终的答案。

从一开始就采取善解人意、引人入胜的方法，可以激发洞察力和参与度，形成正确解决方案的共同愿景。这样，不但有助于他人接受你打算创造的体验，同时也能建立众人对创建过程的熟悉程度和第一手经验。

如果起步足够简单，那么前期最大的要求就是众人的时间和参与度。你只需投入很少的资金，用于开始构建演示所需的工具和培训。在获得认可之前，不要聘用或建立共创核心实施团队，应尽量与最终会以非正式代理身份出现的人员合作完成该过程。

对利益相关方保持同理心也很重要，你应避免大肆宣扬个人观点或是专业知识。更好的方式是同他们协作建立起人际关系。如果你一直在内部创建自动化，请让你的共创合作者（与你一起设计自动化以及你为之设计自动化的人）加入对话。你的发现、演示、概念验证和试点过程都应利用共创来争取支持。共创推动了超自动化的整个过程。因此，务必确保它在你成功的道路上占有一席之地。

3. 坚定构建超自动化的目标

也许你已经在互联网上看到过关于购买排箫决策的流程图（图 13.1、图 13.2）。其意思是，无论你对"我需要排箫吗？"这个问题的回答是什么（"是"或"否"），结果应该始终是"不要排箫"。"排箫"是 One-Reach.ai 内部偶然用到的一个相关概念。你可以将问题换成"我需要开始构建吗？"，答案应该总是流向"你应该构建"，即使你的回答是"我需要花更多时间来计划"。这并不是说你不想在没有计划的情况下进入这个领域，而是意味着一旦你的策略和观点成形，接下来都应该放手去进行大量的试验。对于利益相关方来说，这可能不是一个好消息，但构建（以及测试、迭代和重建）比计划更好。在创建早期的自动化时，你应按照"应该构建"流程建立跟踪记录。这样能够避免利益相关方放弃构建自动化的情况发生。

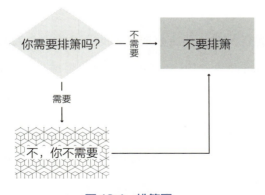

图 13.1　排箫图

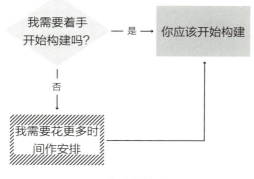

图 13.2　构建决策流程图

4. 全覆盖

超自动化，尤其是对话设计的成功源于一个为速度和灵活性而构建的生态系统。设计对用户有意义的对话体验，唯一可行的方法是快速支持解决方案并快速迭代，在尝试大规模工作时尤其如此。在 OneReach. ai，我们常将这一过程称为应用"智能涂层"。当你使用无代码 / 低代码创建工具构建新解决方案，并在实时观察到它们失败时设计改进版本时，你就是在使用"智能涂层"。你还可以将它看成是要覆盖在构成底层体验的软件片段之上的对话界面。大量的涂层可以将普通机器人变成智能数字工作者。"智能涂层"的比喻有助于让我们的合作伙伴和客户熟悉这种超敏捷软件创建的新范式（并为之兴奋）。事实上它确实非常有用，我们甚至同辣酱供应商展开合作。我们经常会收到新鲜瓶装酱料的购买请求（味道很棒的）。我们希望，这意味着人们正在将"智能涂层"抹在所有东西上——甚至可能用在他们自己的设计上。

劝服之路

实施生态系统战略的第一步是理解组织当下迫切的需求，以便在这个多变的时代中保持竞争力。你熟悉生态系统的演变过程，以及它对盈利的重要性。你制订了一个愿景和计划，说服合适的人与你一起迈出第一步——这是进步的第一个真正标志。而第一个真正的胜利，则是说服利益相关方给你做展示的机会：如果他的公司有一个智能数字工作者用于满足特定需求会是什么样的。

以下是你在展示案例时可能需要实现的重要目标（图13.3）：

劝说　　　　　认证　　　　　接受　　　　　概念证明　　　　　试点

图13.3　劝说、论证、授受、概念验证、试点

仔细思考这些目标，并做一些准备工作以了解你的每个项目可能有什么内容，可以为你的案例制作提供一个有价值的启动模板。

1. 要求

你实质上是在要求利益相关方认同自己的公司机构应投入一定的资金以开展初步计划，从发现如果他们公司有智能数字工作者帮助解决特定问题会是什么样子。你还应该让他们明白，这是一种促进共同创建协调解决方案的智能生态系统的方法。

2. 理由

你应使用具体实例支撑数据和公司实际运行状况。例如，员工每年在申请带薪休假（PTO）审批上的搜索、沟通、走流程和手续批准等的时间大约为 1000 小时，这还不包括他们实际的带薪休假时间。总计是每年折合约 120 万美元的员工时间。普通员工为获取他们在文档或内部网站上找不到的有关表格或流程的信息，每年大约寻求五次支持。其中，平均每个电话的时长为大约 30 分钟。平均算下来，每年用于支持中心成本和员工获得支持所花费的时间价值为 100 万美元。

3. 保证

此数据与以下说法相关：如果该计划能将员工花在搜索信息和接听支持电话上的时间减少 25%，那么解决这些问题可以为组织节省超过 30 万美元。成本中心支出约为 100 万美元。

4. 支持

这一保证基于对员工寻找信息时的态度和行为进行的分析，是通过交叉引用员工调查和网站分析获得的。我们发现 85% 的员工表示，他们在上次尝试使用公司内网来弄清楚如何申请和获得带薪休假时遇到了阻力。在这些人中有 75% 联系了支持人员或人力资源部门。分析表明，在公司内部网中寻找带薪休假相关信息的普通员工，在问题结束之前平均点击了 13 个页面。

5. 限定

请参见相关专家意见和 / 或相关案例研究，了解进一步限定数据支持保证和索赔的概念。示例：引用一位思想领袖的观点，其指出员工申请带薪休假和相关支持请求所花费的时间是最容易被忽视的降本机会之一。

6. 反驳

你提出的预算可能会遭到反对或被质疑。你应该尝试解释相关的风险，重述索赔和理由。示例：拟议的初始项目将耗资约 50 万美元完成，有 90% 的可能性将成本削减 75%（即 371 万美元）。你要说明承担一次性成本的最小风险，以寻求可减少持续成本、降低员工不满的有望成功的潜在解决方案；相比之下，成本和不满意度等问题更为严重且持续存在。

7. 提问

你可以在此处具体说明完成计划需要的条件。举例：你要求 50 万美元的员工资源投入：培训时间 100 小时、共创过程时间 300 小时、相关方时间 50 小时。如果你已成功说服利益相关方，那么就该准备好演示了。如果演示成功，就可以推动你冲过终点线（也可以说是到达起跑线）。

8. 演示

演示的目的是激起参与者的热情并让他们了解各种可能性，以获得概念证明的支持。制作一份基本逻辑演示，在这个过程中，你不应尝试体验，而应引导他们，向他们展示体验。你不应展示你打算实施的具体解决方案或经验，而应通过增强自动化所能提供的可能性和灵活性，让他们看到所有的可能性。

9. 接受

你的演示应旨在使你已经说服的人接受你的计划，他们的认可和支持将推动你完成概念证明。

10. 概念证明

成功的概念证明能说服利益相关方授权进入试点阶段。建立引导游戏式概念验证——利益相关方确实会尝试你希望他们支持的具体体验。引导游戏的概念很重要，它通常意味着为参与者提供他们可以遵循的旅程地图，以使他们始终沿着你希望他们支持的特定体验路径前行。

11. 试点

一旦获得试点支持，你就应该准备好将你的战略流程付诸实践。理想情况下，你知道你的流程的具体内容，并已经准备好创建一个智能、协作式的智能数字工作者生态系统。这些数字工作者将共享技能，并会得到整个组织共创提供的支持。

行动要诀

- 构建智能数字工作者生态系统非常复杂，需要明确的战略，你可能面临的最大挑战是让决策者接受这样的事实：这一过程需要组织内每个部门的参与。

- 为超自动化计划奠定基础的最佳方法是以身作则、在内部创建自动化、与组织的其他成员共创价值，并为持续建设及改进的文化定下基调。

- 说服的过程中有一些关键目标，请留意你是如何实现每个目标并向下个目标进发的。

第三部分

构建智能数字工作者生态系统

　　我再次强调，智能数字工作者生态系统的建立完全取决于战略。需要明确的是，这里所说的"战略"并不是指使命或终极目标。超自动化不是一场构建静态技术的竞赛，后者的目的只是让你的团队和公司更快地采用和迭代新技术、新技能和新功能，而超自动化却并非如此。

　　我认为要全面了解数字工作者的智能生态系统，最好的方法是破解构建这一系统的幕后工作。超自动化主要是对任务和技术进行排序，最大程度开发其潜能并达到事半功倍的成效。但当你真正着手考虑组织海量的技术和任务，并想象它们的无数种排列方式时，其中错综复杂、千头万绪的情况难免会让人望而却步。但通过得当的战略和流程，你可以让组织中的每个成员都参与序列迭代，从而打造一个优良的生态系统环境供超自动化逐渐走向成熟。

第 14 章

超自动化流程

如果你曾在软件设计相关的领域任职，那么可能对敏捷开发方法论并不陌生。敏捷开发常被误解为技术开发过程，但实际上它是组织中的一种文化思维，通过共享实验进度、失败经验和迭代技术来接纳新发现。超自动化是软件设计的发展成果，因此，我们将其生活化时需要比敏捷开发方法论更加灵活的思维方式和文化。

即使是经过认证的敏捷专家，也可能会对我们创建和迭代超自动化的速度感到惊讶。从来没有应用过敏捷开发方法论的人也会觉得有关超自动化的整个过程仿若惊天巨变。无论如何，关键在于要内化超自动化的本质。虽然软件产品设计并不是每周或每月都能有里程碑式的突破，但你可以通过这一过程在活跃技能上进行实验，不断改进它们。技能优化的实现部分得益于能实时提供用户数据和反馈的分析报告范式。这些范式除了能知道人们如何与你的对话式界面进行互动之外，还可以让你了解到他们的哪些需求功能目前尚未实现。从图形用户界面中提取这些数据可能需要好几个星期（甚至更长的时间），之后你就能立即对其进行分析。这为快速迭代奠定了良好的基础。

与传统的敏捷开发（Scrum）框架一样，团队合作也是与人工智能合作的一个要诀。正如 OneReach.ai 公司常说的那样，人工智能是一项团队工作。超自动化需要组织内所有部门通力合作，每个部门都应提出有关优化技能的想法。每个人都将具备有关其组织的生态系统如何运作的基本知识，而且都可以与我们在第二部分中提到的核心实施团队共同参与生态系统的创建。事实是，这个过程要求组织将敏捷开发方法论应用到方方面面。反观敏捷开发这个比喻在橄榄球领域的原始意义，即"争球战术"，指的是所有人的头要碰在一起、胳膊要交叉在一起，朝着越来越远的球门立柱无休止地混战，因为这是一段没有明确目的地的共同旅程。如果你的团队的灵活度不能超过敏捷开发方法论，或者人工智能在你的组织中并不是一项团体运动，那么这就像是独自一个人作为一支队伍走上橄榄球场，你心知肚明自己赢得这场比赛的机会微乎其微。

如果你要将为生态系统构建可伸缩对话式用户界面的任务委派给少数几个设计人员、架构师和开发人员来完成，那么无论他们经验多么丰富，都可能需要数年时间才能找到使组织实现自动化的最佳方法。实现超自动化的正确战略，是指让你团队中的每个人都能利用各自专业领域的知识来打造最佳的序列和流程。

要实施这个战略，最简单的方法通常是从细微之处着手，从团队内部着手准备。通过直接与员工合作实现特定任务的自动化，你开始为未来的自动化建立组织结构。你可以与了解具体任务的人员一起不断改进自动化。因为这些初始应用程序不会面向客户，所以你可以根据需要频繁构建、测试、迭代和部署技术。你的组织在推出完善的技能和内部自动化方面做得越好，你的技能、智能数字工作者和生态系统的发展就会越快。

当你建立一个共享的技能库时，实际上是创建了一个微服务的知识库，通过该知识库的重新利用和排序实现新目标。当你的生态系统到达这样一个阶段：人工智能和你的组织中的成员可以娴熟地合作。

当你去创建和演进构成生态系统的序列时,你就成功地把超级自动化变成了一项团队运动。一旦达到这种状态,你将不再仅仅是将人们过去执行的任务自动化,还将能够对技术进行排序,以创建新的自动化系统。

因此,虽然最初的重点是实现具体任务的自动化,但更重要的是一些更抽象的东西。假设你想让挖洞工作实现自动化,可以先制造一个机器人,它可以挥舞铁锹,以人类的两倍速度挖出完美的洞。这个自动化操作诚然不错,但如果你可以制造一个机器,有 10 只手,一共能拿 10 把铲子,一次能挖 10 个洞,那速度还是一样快的这个机器还可以无限克隆,那挖洞工作就会变得便捷高效。这就是超自动化的意义。

要达到这种最佳状态,你首先要将即时任务的自动化视为解决复杂问题的工具,然后通过内部迭代保持动力。尤其是创建了路线图的情况下,通过这种方式你可以高效地深入到流程中。即使这个路线图并不完整,而且每天都处在变化之中,它也将帮助你的网站针对每个新想法设置你想要使用的技能(图 14.1、图 14.2)。

图 14.1　概念图:公司正将组织多种内部职能中部分功能自动化

法务

合同合规性（智能合同）	数据收集＆分析
	合同管理
续约	管理工作流程并
提醒	标记文档错误
合同查询	
问答	

金融

定价	监控、管理销售团
潜在客户输入	队活动
沟通	时间安排
分析、预估销售	
数据	

呼叫中心

时间安排	向外拨号
客户沟通	回拨
数据收集、分析	情绪分析
先进人工智能驱	调查
动 IVR/ITR	工作流
	电话＆数据远程
	管理

运营

数据分析	接听电话/自动化
费用追踪	对话
通信	数据收集、分析
提醒	号码隐藏
运营任务	

销售

定价	分析、预估销售
潜在客户输入	数据
沟通	监控、管理销售
时间安排	团队活动

服务和人员配置

客户通信	协调后勤、提供服
数据收集、分析	务
时间安排	时间追踪
	问答

人力资源

招聘机器人	员工调动指南
候选人筛选	入职/培训
时间追踪	福利登记
员工满意度调查	员工评估
提醒	休假/带薪休假
员工手册	
常见问题	

营销

鼓励注册	低成本短信/邮件
提醒	网站机器人
营销管理流程	调查
客户沟通	分析营销数据、执
客户细分、分析	行程序
	社交监控、警报和/
	或回应
	问答

图 14.2　具体明细：公司正将组织多种内部职能中部分功能自动化

图 14.3 看起来不像是路线图，但它确实是某种类型的路线图示例，

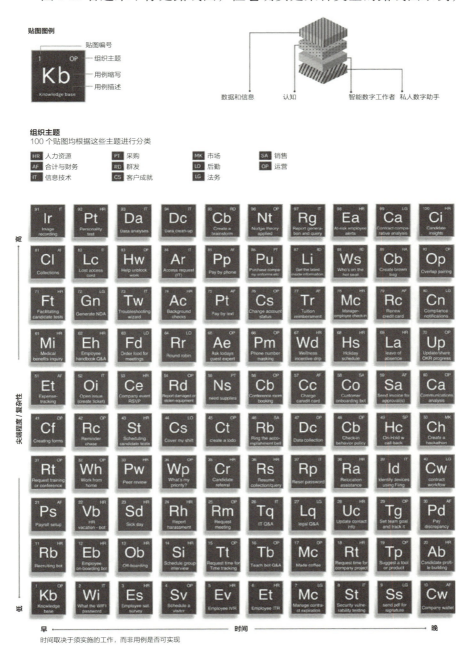

图 14.3　备受追捧的超自动化技能图示

勾画了组织可能希望创建、演变和扩展的技能。每个小方块贴图（代表相应的技能）的颜色对应不同的演进阶段，从左下角起点开始，随着技能扩展开来其复杂性也逐渐增高。

如果翻回介绍工具和架构的第 11 章，从另一个角度看这个图表（前文图 11.3），你就会更清楚地了解到，在追求超自动化的旅程中，我们不断从基础技能向更复杂的技能升级，每种技能在不断发展的生态系统中都有自己的演进之路。

误用马尔可夫链

马尔可夫链是一个很受欢迎的设计工具（图 14.4）。它在构建和优化技术架构方面能起到很大作用，因其以图解的方式说明了这个过程中可能发生的事件的顺序，其中每个事件发生的概率仅取决于前一个事件达到的状态。马尔可夫模型的假设是如果你知道当前的状态，那无须任何历史信息便可预测未来状态。换句话说，该模型的预测仅基于当前状态，

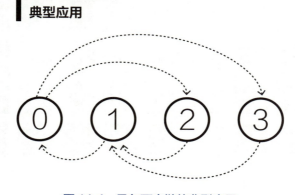

马尔可夫链的典型应用

图 14.4　马尔可夫链的典型应用

与过去的状态无关。但在对话设计中，由于当前状态的可能性不胜枚举，马尔可夫链很快就会变成一个乱七八糟的马尔可夫模型。此外，为了实现超自动化而设计的生态系统可以利用各种历史数据，特别是针对回头用户的历史数据，以确定他们的当前状态（图 14.5）。

马尔可夫链模型
不适用于对话设计

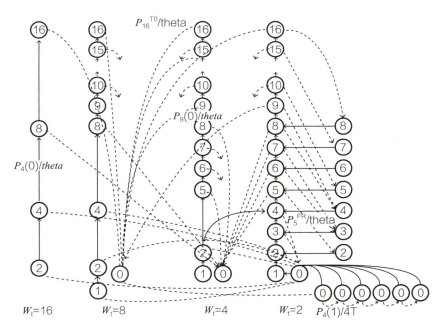

图14.5 尝试使用马尔可夫链映射多个对话导致混乱结果

要在一个图表中绘制多个对话，马尔可夫图可算是一个好方法。可是，只有在需要去解决如何在一个图表中阐述多个对话路径的情况下，这种图表才真正有所帮助。因为对话的流程是线性的，任何对话采取的形式会有很大变化。因为你不知道对话的走向，而且多数情况下，你甚至不知道交互会如何开端，所以依靠马尔可夫链，最后你很有可能会停留在反复问候上或是问出错误的问题。而另一种做法：体验设计师熟悉的工具——"过程地图"则可以避免这种情况。

绘制过程地图

过程地图展示了用户在体验中逐步开展的步骤。这些地图可以帮助利益相关者将抽象事物可视。但在典型的用户体验设置中，它们通常只作为体验设计的跳板。在超自动化领域，过程地图是贯穿技能生命周期的关键工具。它们既可以作为领导自动化工作团队的共同愿景，也可以成为未来迭代沟通的初始参考点和载体。过程地图以非常积极和直接的方式反映了你的生态系统中会涉及的技能。

一旦你确定了一项想要自动化的技能，就可以开始描绘人们在参与自动化时的过程。与所有超自动化的目标一样，你追求的自动化应该总是努力尝试超越人类的能力。例如，如果你想将费用跟踪自动化，就需要对当前由人类操作的流程有深入的了解，以便绘制一个新的体验地图，从而消除冗余、缓解痛点并提高效率。

在用户完成每个步骤的进入/退出时，跟踪用户的情感状态也非常重要。在构建用户的体验过程时，你要试着根据他们的使用情况预测他们的感受。例如，如果用户已支付账单却收到了催收通知，可能会感到很懊恼，这时你应以适当的形式进行旨在解决问题的对话。在这种情况下，智能数字工作者的沟通应直入主题并积极回应，比如"我为带来的不便感到抱歉，并将与你一起尽快解决这个问题"。

在测试和部署技能时，你将更深入地了解用户在体验过程中的情绪状态。用户经常在打电话询问催款通知时常会感到恐慌，这便是优化交互的新机会。当你学习和提高技能时，你也会熟悉过程中可能出现的许多偏差。即使是相对简单的技能，在单个用户的体验过程中也很容易在多个环节使他们偏离最佳路径，进入分支过程。例如下面这个相同主题下的不同用例："因为你的账户绑定的信用卡已经过期，所以我们发送了催收通知。在催收通知之前我们已经多次发送提醒邮件。你是否要支付代缴费用或更新你的联系信息？"

当这些替代过程出现时，它们也会成为你过程地图的一部分。在尝试预测人类行为时，请记住，设计师通常会设计非常理想化的体验。这种体验都基于"用户都是十分理性的人"这一前提——但事实却是，有些人可能毫无理性可言。

用户：我不想付这张账单。

智能数字工作者：你确定吗？我可以为你免除滞纳金。

用户：嗯，我不会付的。

智能数字工作者：你确定吗？这张账单已经送到收款处了，现在付款可以为你节省时间和金钱。

用户：我就是不付钱。

为不理性的用户设计体验时，我们需要一个接近通用智能的系统。短期的解决方案是进行机器主导的对话，让人工客服参与进来，解决这些非常规性的问题，同时教会智能数字工作者如何在未来独立处理类似的情况。

随着迭代结果的改进和技能的演进，过程地图将继续与你的生态系统中的技能同步。考虑到超自动化技术覆盖范围之广和操作的复杂性，这些过程地图可能变得相当密集和相互关联，并将作为生命线，引导整个超自动化流程。它们和字面意义上的地图并无差别，你将需要依靠它们，在你的生态系统中导航和迭代不断增长的技能。

技能是使用无代码工具创建的，组织中的任何人均可使用过程地图来定位需要修改的步骤并更新技能。最初，对生态系统中技能的更新由前文探讨过的核心实施团队负责。他们负责维护过程地图的完整性，且会同组织中想要创建技能或改进现有技能的人合作。

1. 全力共创

笔者之前提到过，多样性可以解决复杂的问题，超自动化就是一个典型的例子。从多种角度看复杂问题，这对解决问题至关重要，也意味着应该招募拥有不同观点和工作经验而且坚守原则的人一起工作。一个由自动化专家组成的核心团队，可以使组织的其他成员构建满足他们各自需求的自动化，从而体现出用多样性解决复杂性的方式（共创过程图见图 14.6）。

与超自动化和对话式人工智能合作是一项团体活动。将你的团队成员各自独有的世界观、技能和技术天赋结合在一起，能让你设计的自动化变得丰富多彩。如果你的工具将这些体验的创建局限于写程序的人身上，或者将之束缚在供应商的路线图框架中，那么你将无法利用团队带来的丰富知识和经验。采用开放式平台则有助于提高整个团队利用颠覆性技术的能力。

这种具有神奇力量的创建自动化解决方案的团体活动，应从召开一次研讨会开始。会上你可以梳理出对问题的全面理解并定义关键的成功指标。在此之后，你将希望与内部业务专家和核心实施团队举行开发会

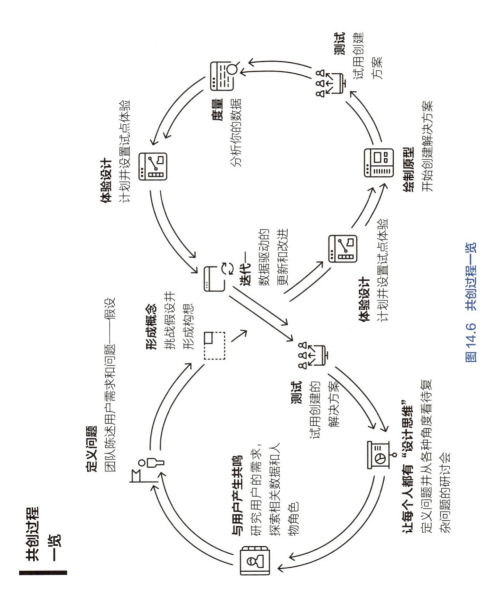

图14.6 共创过程一览

议，深入研究自动化的概念。随着解决方案的出现、测试和迭代，你们应保持有效沟通。核心实施团队的成员应保持良好的势头并促进需求的提出。虽然自动化流程的发展日新月异，需要快速迭代技能，但这不是问题，因为你的核心实施团队每天都在一线工作，宣传他们的共同愿景。

由于可能存在大量的上下文，所以设计和培训具有单一技能的智能数字工作者（例如处理员工入职）的过程非常复杂，充满变数。新员工将入职哪个部门？具体在哪个岗位工作？他们是否有身体缺陷？训练一个智能数字工作者完成这个多回合任务，并使其更有效地执行任务，需要安排一个了解自动化的人关注此事，此外还要有一些了解该智能数字工作者将部署、服务的生态系统的人提供相应指导。

项目和时间线现在退居次要地位，实施对象才是这个共创团队的主要目标。如果组织基于可衡量的季度利润率为项目提供资金，就会经常面临同时进行培训和自动化任务的压力。这时，共创战略很有价值，因其支持你在开展培训的同时可以通过将其应用于现实问题，从而更轻松地获得利益相关者的支持。

你可能已经有了一个对话式人工智能团队，也可能没有。如果是前者，这种模式可以让团队从唯一创造者这一身份（以及潜在的瓶颈）中解脱出来，成为组织超自动化的咨询性的思想领袖、推动者和传播者。建立下一节概述中提到的那类核心对话式团队，并让他们能与你的员工进行价值共创，这将有助于加速复杂自动化的培训和发展。由此，你便能够通过多样性来解决复杂性，为你组织中每一个不断演进发展的、促进公司发展的自动化创建一个新的范式。

约翰·米勒（John Miller）和斯科特·佩奇（Scott Page）在他们的

《复杂自适应系统》（*Complex Adaptive Systems*）一书中指出的："也许情况是这样的，我们加入多种元素的过程，是从简单的系统到复杂的系统，再回到简单的系统的过程。"[1]

2. 建立人机回圈

创造良好的对话体验并不容易。因此，大多数对话都无法给人留下深刻印象。为了避免出现枯燥无意义的对话，我们需要结合人机回圈。它能在会话应用程序遇到困难时，让人工介入协助。这个人可以确保满足最终用户的体验，同时也可以训练系统，以使将来的对话不需要人工干预。这种类型的训练可以实时进行，通过算法来确保训练数据的完整性，也可以通过审核过程，在应用之前对训练进行审查。人机回圈需要无缝集成实时交互界面和相应的工具。无论好坏，围绕对话式人工智能的讨论已经让最终用户的期望提高了。人机回圈可以帮助你及时满足用户的需求（图 14.7）。

用于解决任务的资源
■ 人机回圈
■ 机器人协作——回路中的用户
■ 使用分析——回路中的数据

图 14.7　构建人机回圈

3. 构建及扩展你的共享库

没有必要从头开始，你可以直接构建并扩展共享库。共享库对于共创至关重要，它为你的组织提供了技能、服务和微服务的开放资源，可以跨部门进行重新配置和重新排序。它可以帮助你扩大知识共享范围并加速开发，同时保持对安全性、合规性、监控、最佳范例、一致性和可扩展性的控制。组织中的每个人都可以为共享库作出贡献并从中提取数据，使其成为将组织转移到超自动化的最具可扩展性、最有效的方法。

以这种方式利用员工的整体知识是颇具颠覆性的。当智能数字工作者被设计成要不断演进并且获得智慧时，它们不仅可以与所有员工和客户进行定期对话，还可以实时应用所学到的知识。

这个复杂的领域预示艰难的旅程出现了曙光。只要过程正确，它就是可控的。惠普前首席执行官卢·普拉特（Lee Platt）曾经说过："如果惠普的知识只掌握在惠普手里，生产力就会提高三倍。"虽然他对于生产率增长的预估过于乐观，但他的观点很明确：知识就在那里，我们要做的便是连接、激活数据。

4. 探索还是利用

在边际收益递减的议题下，这是一个由来已久的问题——知道何时继续寻找更好的解决方案，以及何时开始从已有资源中提取价值，这标志着成功和失败之间的差异。超自动化的持续改进要求在探索和利用之间取得平衡（图 14.8）。

人们采用了多种理论和算法来帮助定位探索/利用的临界点。它一直是精神病学、行为生态学、计算神经科学、计算机科学和商业研究的主题。

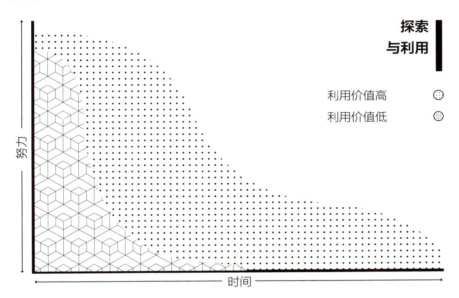

探索
与利用

利用价值高 ☺

利用价值低 ☺

努力

时间

图 14.8 探索与利用

在超自动化领域，探索、利用和在困境中如何权衡变得有点棘手，因为当你的组织修整其生态系统的运行方式存在瑕疵时，你总是在探索。通过运行正确的过程，使用恰当的工具，你就可以快速迭代解决方案，以更快的节奏平衡探索和开发的过程。

超自动化领域的先驱者通常没有机会进行同行调查。为了保有竞争力，不仅可参考的优秀范例寥寥无几，这些范例（无论好坏）还都是高度保密的。但你可以利用自己的生态系统形成独特优势。

理想情况下，你的组织中将有许多人持续尝试新的解决方案，使你能更好地进行大量探索，并发现很多非常有价值的解决方案。

使用可访问的无代码工具来创建和分析解决方案，对团队来说可以更快更易实现迭代。这种协作的方法还可以让你成功地发现什么是良好的趋势，助力开发取得重大进展。

总之，在有能力也已做好准备并全力以赴进行快速创建、迭代和解决方案分析的过程中，你依然会面对种种挫折。你会发现自己仍然心存质疑："我们如何知道什么时候要继续改进我们的解决方案？""什么时候是利用我们现有解决方案的合适时机呢？"

有许多精彩的哲理和一些适用的理论、公式和算法试图回答这个问题。笔者在创建和分析超过一万个对话应用程序的经验中，特别注重两个因素：数量和价值。它们往往会影响探索的时间或努力程度。

行动要诀

- 软件产品设计并不是每周或每月都能有里程碑式的突破，但你可以通过这一过程试验现有技能以持续改进，同时开拓新技能——这样的实践可以不断反复，日复一日。

- 我在 One Reach.ai 公司的团队有一个口头禅"人工智能是一项团体活动"，它需要组织内各部门通力合作，同时每个部门都应该提出有关优化技能的想法。

- 要实施成功的超自动化战略，你就要从细微之处着手，从团队内部准备，让你团队中的每个人能利用各自专业领域的知识，以开发和演进技能。

- 用户与你的自动化系统体验的过程地图将成为团队的共同愿景，并作为未来迭代的初始参考点和沟通工具。

- 持续构建人机回圈和扩展共享库是超自动化可靠战略的关键部分。

- 高度自动化的持续改进需要在探索和利用之间取得平衡，但是当你快速迭代解决方案时，这种平衡可以通过更灵活的方式实现。

第 15 章

超自动化的设计战略

　　我注意到，对话是人类相互联系和完成共同目标的最自然的方式。尽管对话沟通是大多数人的第二天性，但设计对话体验并不像你想象的那么容易。在与他人的一对一对话中，你会给出一些信息，然后得到即时反馈——可能是口头的、非口头的，也可能两者兼而有之。这些反馈会告诉你下一步该做什么或说什么。在为智能数字工作者设计对话时，你的任务是创建交互的一方，并对可能的回应进行猜测，期望得到最佳答案。要做好这一点可能非常困难，但是通过快节奏的"创建—测试—改进"循环，你可以更好地找出设计交互的最佳方法。

　　这个过程有点像喜剧演员为表演创作新素材。你可以想出一些你认为很好的笑话，但不确定它们是否搞笑，直到表演给现场观众看，才知道其喜剧效果如何。但这两者之间关键的区别在于，一旦喜剧演员通过表演来鉴别并打磨出最好的笑话，他们的大部分工作就完成了。演出以单向输出的形式呈现，演出一旦结束，喜剧演员唯一要考虑的便是创作下一个笑话。但是对话设计是双向的，因此这些交互可以根据不同用户的不同回复方式进行多次变化。每一组对话都可能导致一组新的交互选项生成，所以复杂性会飙升。

　　要想使对话交互正常进行，关键是要将实际对话作为战略的核心。人们向你求助，你要能切实提供帮助。这种方法还可以帮你避开最常见的故障点：即终端用户采用率低。就像一个听众永远不会笑的笑话，如果人们不使用你所创造的产品，那么你所有的努力都是徒劳的。还要记住，对于用户来说，界面就是系统。这点适用于大多数涉及技术的设计场景，在处理对话界面时尤为重要。对话式人工智能体验的功能越强，用户与之互动的感觉就越直观，他们也就越容易接受它就是"系统"。然而，对话式界面只有在后台有适当的架构设计时，才能实现这种强大的简单性。

无论对话式界面是以智能数字工作者、聊天机器人还是虚拟代理的形象出现，它都只是一个构造。界面的智能和复杂程度不是由界面本身决定的，是生态系统所有部分总和的积极反映。这种高级设计战略的工作，大部分都由你的首席体验架构师承担，他的职责是构建类似于网页设计中的线框图的东西。在形成用户创建有益对话体验的模式之后，首席体验架构师就可以将无数自动化的骨架组装起来。

有了对话式人工智能，用户就不会把他们对你的解决方案的体验与其他类似技术的体验进行比较。相反，他们会将其与自己的人际对话体验进行对比。但我们注意到，设计师的工作不是模仿人类互动，而是设计远远超越人类互动层次的对话。通过技术排序实现改进当前工作流程的设计体验，这才是对话设计真正的价值所在。但是许多体验设计师的目标并不在于此。在图形用户界面领域，优秀的设计总是不够多。以上虽然也是对话设计的目标，但其总体目标还是为更大的环境和体验网络创造体验。

人为控制结果的设计

科技应该给人带来快乐。从体验设计的角度来看，所有的工具本质上都是技术的外在形式。这些成功设计出来的工具改善了我们的生活。实际上，这意味着超自动化体验的设计必须让决策权掌握在人类手中，这一点至关重要。

这是为什么呢？因为人类只有在觉得自己有选择权时才会感到快乐。心理学家（也是畅销杂志《UX 杂志》的撰稿人）苏珊·威恩舍尔克（Susan Weinschenk）博士曾表示："如果有一个方法能轻松完成任务，还有一个方法会使任务复杂化，那么，为什么我们有时候（或者说经常？）会选择复杂的解决方式呢？那是因为我们喜欢掌控一切。"

拥有选择权会令人们拥有一种控制感，因此人们会被多样的选择所吸引。星巴克自称其咖啡店馆能提供超过 17 万种定制饮品的方式。采用这种营销方式是为其带来了灵活性。这样的方式使得顾客可以根据自己的生活方式选择自己喜欢的饮料。有一些迎合顾客生活方式的奇葩点单方式在社交媒体上走红，比如大杯焦糖脆星冰乐里面加了 13 种配料，包括"多冰块、5 份香蕉和 7 份黑焦糖酱"。无论你认为这样的饮料是美味还是浪费，思考一下，人们使用对话式接口时将因渴望有更好选择而产生的创造性能量，如果都被投入设计适合自己生活方式的软件解决方案，那将可能发生什么？这无疑是一个有趣的话题。

通过超自动化，我们可以提高人们选择的质量，并赋予它们意义和作用。我们可以借助设计人为控制结果来实现这一点。一方面，没有人想受到机器严格命令的控制，整天由只想效率最大化的机器告诉他们该做什么；另一方面，人们又喜欢与机器进行对话，因为机器可以全天候为他们提供明智的选择，从而提升效率。从任何角度来看，超自动化都需要由人类来实现。即使机器能够自己做决定，甚至决策效率也高于人类，在优良的设计中还是应该由人类时刻掌握控制权。例如，即使现代商用飞机可以自己起飞、飞行和降落，但人类仍可以随时接手对整个飞机的控制。从设计上讲，一系列协同工作的技术可以帮助商用客机的驾驶员做出更好的驾驶决策。

在数字工作者的智能生态系统中，对话式人工智能的合理设计战略依托于许多实用的服务模式。这些模式遵循类似人与人交互的方式，给了人们实现真正的创新式自动化的机会。但是，这些模式的设计原则是让决策权掌握在人类手中。让人工智能想办法帮助人们做出更有意义、更重要的决定，人们的心情就会更加愉悦，做事就会更有成效。从某种程度上来说，超自动化确实就是这么简单。

成功生态系统的排序模式

有成效的自动化需要成功排序的模式。在我所描述的生态系统中，这些模式必然会引发大量复杂情况。有关这一概念，我们可以用国际象棋作为参考。国际象棋本身就是关于识别棋局中的复杂模式，并采取相应行动的一种游戏。

"模式识别是提高国际象棋棋艺最重要的机制之一，"国际象棋大师阿瑟·范·德·奥德维特宁（Arthur van de Oudeweetering）曾如此写道，"注意到棋盘上棋子的位置与之前位置的相似之处，可以帮助你快速掌握对手的用意，并找到最有希望的破解之法。"

据估计，国际象棋大师可以记住多达 10 万个棋局模式。这样的记忆力固然令人惊叹，但根据人类的特性，实际上他们是无法将记忆模式付诸实践的。在某种程度上，无论拥有怎样根深蒂固的模式，人们在按其行事时还是会犯错。按理说，你应该能做到每次都能准确地在警报系统上输入密码，毕竟已经练习过很多次了，但仍免不了有时会输错密码，需要从头开始。当人们按既定模式行动时，总会出现不确定性。说唱歌手、唱片制作人、哲学家、国际象棋选手和武当派乐队队长[1]RZA 在对雷克斯·弗里德曼（Lex Fridman）进行的播客采访中，曾阐述过不确定性的概念：国际象棋中存在不确定性。棋手每采取一次行动，就迟早会让不确定的事发生……鲍比·费舍尔（Bobby Fisher）在他的一本书里提到'其实每一盘国际象棋都是平局，只有当对弈中的一方犯了错误，才会有人赢。'"国际象棋特级大师萨维利·塔塔科维（Savielly Tartakower）也赞同这一观点："谁是犯倒数第二个错误的人，谁就能赢得棋局。"就识别模式及在不犯错的情况下采取行动而言，相较于人类，机器比人类更有优势。

1997 年，国际象棋大师加里·卡斯帕罗夫（Garry Kasparov）在与 IBM 公司开发的"深蓝"国际象棋计算机对弈 19 步后就宣告失败，并自此告别棋坛。当时是他们比赛的第六局，也是最后一局，卡斯帕罗夫以二比一输掉了比赛，有三场平局。2010 年，卡斯帕罗夫写道："今天花 50 美元你就可以买到一个家用电脑程序，它可以击败大多数国际象棋大师。"虽然对于国际象棋大师来说，机器比人类更擅长下棋可能并不是个让人振奋的消息，但对于超自动化来说，这是件好事。

计算机能在国际象棋上击败人类，原因是它们可以记住 10 万个对弈模式，并且可以完美地识别出这些模式，毫无障碍地运行破解方法。但

---

[1] 武当派嘻哈音乐组合（Wu-Tang Clan），美国纽约的说唱乐队。——编者注

是，超自动化并没有让人类与机器对立，而是为人类提供了创建和排序模式的机会，然后它们可以使用这些模式实现任务的自动化。这个过程不会产生不确定性。这并不是说这些模式马上就能毫无差错地运行，而是随着你不断改进它们，越来越多的任务可以用完全确定的方式实施。

要想做到这一点，机器就需要人类的帮助，因为人类比机器更擅长预测。当有人提出问题时，我们会根据各种线索（表情动作、过往经验、声音等）来理解对方真正的意图是什么。如果我们不能立刻知道如何给出有用的回应，就可以根据上下文进行推测。例如，假设有同事问我他们看起来状态怎么样，实际上他们看起来很疲倦，就像是有好几天没睡觉了，因为这时我们马上要去参加一个重要的会议，所以我觉得他们想听的并不是实话，而且实话肯定起不到任何作用，因此我决定用很官方的答案回答他们："你看起来状态很不错。"如果他们在开会前问到如何去除衬衫污渍，这时你就应该给出诚实的回答。

然而，在接触任何技术之前，你需要就想要创建的体验进行构想。多年来，我研究了许多评价很高的体验，并注意到很多最终可给用户带来良好体验的模式。关于这些模式，我们将在下一节中探讨。在构建生态系统框架、设计自动化流程并制定部署战略时，请记住这些模式，这样有助于你创建可以给用户带来真实服务体验的生态系统。这些模式的排序不仅可以有效将任务自动化，同时不断被优化的体验也将帮助在人类和机器之间建立有意义的关系。你应该将这些模式设计为可持续性的，而不是一系列孤立、毫无关联的事务。它们应是能够呼应上下文的关系。在设计模式时，你不仅需要从事务关系的层面上思考，还应考虑上下文关系的层面，才能创造机会来改变软件和机器存在于人类生活的方式，使技术可以始终伴随我们，又永不对人类构成威胁。

这项工作通常从由首席体验架构师和设计战略家创建的过程地图开始。这些过程地图用于定义体验，构成生态系统，随着关键模式的确定和后期产品设计的扩充而不断得到丰富。这个过程并不是一劳永逸的，就像棋盘上会出现的各种移动路数一样，这些模式的排序和持续改进也是没有限制的。RZA 分享的另一条关于国际象棋的智慧很容易应用于超自动化：

> "我记得我第一次意识到我的棋艺需要提高的情景。一开始我可能是队里最好的棋手，但随着队员人数的不断增加，我不得不多加练习。但是……GZA[①]开始学习（国际象棋）理论，钻研那些我根本没听说过的棋书。有一天，我们在他的家里对弈，我输得一塌糊涂，他儿子卡里姆很喜欢我……所以当 GZA 去洗手间的时候，卡里姆就说：'嘿，你知道我爸爸最近在看书吧？'"

当你的生态系统处于超自动化的时候，你也应该像这样去钻研技艺。这不仅是为了在竞争中保持优势，也是为了继续改善你与客户建立的更加私人化的关系。

现在，我们来仔细看看在构建超自动化生态系统时，你的首席体验架构师和设计战略家希望保留哪些模式。我们将从最基本的模式开始，再逐步进阶到更复杂模式的学习。

---

① 美国说唱乐队武当派成员之一。——编者注

对话式人工智能的关键排序模式

1. 问答模式

这是最基本的对话模式之一。很多人会错误地将它对等于对话式人工智能。用户向机器提出问题，它会利用自然语言理解和知识库来寻找答案。这种知识库是专为提供答案而设计的。在问答模式关注的领域里，对话并不总是用于浏览的最佳解决方案。问答模式可以用于帮助解决用户问题，但根据用例不同，让客户自主选择浏览数据、产品或常见问题页面可能更有用。在对话式用户界面之外再增加图形用户界面或许可以解决这个问题。例如，如果有用户询问可用的服务类型，智能数字工作者可以给出链接，指向罗列所有服务的页面。在为超自动化构建的生态系统中，如果智能数字工作者无法答复用户，那它可以求助人机回圈。

2. 查找模式

用户要求机器根据某些问题查询信息。机器查询应用程序接口并获得一组可以显示给用户的结果。这个结果可能会反馈到问答模式的已知答案中，或者能够帮助用户处理问题，确立用户身份。尽管问答模式和查找模式看起来很相似，但实则差别相当大。问答模式无法解决问题时，查找模式可以起到一定作用。

上述设计模式是根据成功的人类之间的对话片段设计的，因此它们最终来源于人际互动。但就像机器一样，人类的经验有限，受到的训练也并不全面。因此必要时我们需通过外部资源，如互联网、同事和书籍来寻找我们需要的答案。在查找模式的上下文中，当机器受到的训练不足以支撑它给出正确答案时，它就会搜索外部资源寻找答案，通常是通过应用程序接口来查找。

3. 追赶模式

追赶模式比简单的提醒更加积极主动。为此模式构建的流程将持续激活，直至达到某个标准。例如，主动模式会寻找特定问题的答案。如果用户没有提供答案，机器就会转向另一个用户，或者继续重复查询，直至得到答案。通常情况下，成功的解决方案会包含技能升级。

4. 轻推模式

该模式会将过程朝预期结果的方向轻微推动，但主动性略低于追赶模式。它旨在以一种结构化的方式提供额外的信息，这种信息要么可以无意识地激励用户采取特定的行动，要么能够更明确地提示他们有意识地做出预期决定。比如在道路上画出线条，使之能够清晰区分机动车道和非机动车道，便是轻推模式的一个实例。采用轻推模式的最好方法是将模式与其所处的体验相关联。例如，在航空业，轻推模式可能会是这样的："请知悉，本次航班的商务舱升级费用仅需 99 美元。"

5. 渗透模式

渗透模式是一系列公告。它可以用于报告和进行无须立即反馈的知识库拓展。从这点上看，它和追赶模式比较相似，但渗透模式没有知识库做支撑，也没有提供可供未来参考的上下文。例如，在渗透模式下，机器会说"请不要忘记，你周一下午 3:30 有个约会"；追赶模式下则是"请确认你周一下午 3:30 的约会，回答'是'或'否'"。机器运行渗透模式时通常会按照预定排序检索上下文。例如，一个渗透模式可能有 5 条一系列特意间隔发出的信息，作为新产品的入门体验被发送给初次使用的用户。

6. 记忆模式

该模式可以跨越多个用户建立广泛的对话模式。记忆模式可以用来理解用户参与的常见对话和提出的问题。为记忆模式而构建的流程可以存储信息，以便它可用于报告、拓展知识库并提供未来的上下文。在设计对话时，请务必使其能存储数据，以便使用记忆模式。最终，这种上下文将有助于建立人机关系，而不仅仅只是一次性的问答。

7. 提醒模式

这是一种主动模式，在特定时间以特定方式向用户提供信息，以促使用户采取行动。这种模式适用于即将到来的约会或建立一个新的习惯。为了成功使用这种常见的模式，你可以通过客户喜欢的任何渠道发送提醒。事实上，这时你也可以结合使用记忆模式，选择发送提醒的首选渠道。

在我见过的大多数设计中，提醒模式只是作为简单的信息输出来使用，并没有拓展别的功能。但是，只使用一种模式并不能构建发挥良好作用的对话。要想充分发挥提醒模式的作用，你就要围绕提醒模式设计，并创建一种超越第一步的对话体验。

8. 追踪模式

该模式与记忆模式类似，但没有长期记忆的作用。例如，机器可能会记住用户从 A 点到 B 点的次数，两点之间所有追踪到的内容都会被记录和使用。追踪模式的流程能记住"当前状态"以及导致该状态产生的所有前期状态。

9. 回调模式

该模式也属于主动模式，主要作用在于恢复先前的活动。回调模式是为了暂停活动并设置后续操作，其中的间隔可能取决于一定的时间段或新数据的出现。

10. 上下文模式

通过上下文模式，机器尝试从对话中提取上下文，使用存储数据作为后续操作的切入点。该模式将查询其上下文存储，并尝试从该点继续后续操作。例如，它可以使用一天中的具体时间、地点、手头任务或之前的对话或消息来建立上下文。上下文模式对超自动化颇有助益，因为它允许机器使用上下文来改善会话体验，从而减少用户使用时从头开始提问无用问题的必要——比如这样的问题："请问你是我们的顾客吗？你最近一次购物是什么时候？"此模式与记忆模式密切相关。

11. 引导模式

这个模式下，机器会在脚本对话或一系列问题中，直接引导用户从 A 点到 B 点。随着时间的推移，引导模式还可以帮助用户对任务进行特定的排序，例如每天检查，以帮助用户坚持达成特定目标。此模式构建的流程的目的是牢记进程和排序，以及想要完成的计划或得到的最终结果。引导模式同时也是实现礼宾技能的关键模式，因为它会向用户打招呼。礼宾功能利用上下文模式和问答模式来评估用户需求，然后利用指南模式将用户与生态系统中的其他技能联系起来，帮助他们达成目标。如果没有引导模式，用户就只能猜测智能数字工作者的能力。他们提出的问题无法帮助系统区分他们真正想要的是什么。

遵循用户引导的交互可能很复杂且难以构建，这可能导致对话设计的常见错误：过度承诺，或是让用户期望你的机器能做超出它实际能力的事。因此，你应为用户设定期望，引导他们而不是强迫他们引导机器。

12. 事务处理模式

该模式可帮助用户完成特定任务。事务处理模式的设计是有既定目标、要产出预期结果，常见的示例是其可以安排约会或订购产品。该模式还可用于对设置进行细微更改，或添加新的沟通偏好。该模式的流程有一个结构化的脚本，需要特定的信息来完成任务，并以任务的完成度作为首要的衡量标准。

13. 协商模式

如果用户问智能数字工作者是否可以提前入住酒店房间，而智能数字工作者回答说入住时间是下午4点，那么他们可能倾向于打电话，并试图说服某个工作人员以他们的方式改变规则。用户无法尝试说服一台机器，这样做是无用功。你可以通过在对话过程中使用协商模式来避免用户打电话协商。在这种情况下，智能数字工作者可以这样进行协商："如果我们下午4点的常规入住时间对你来说不合适，那我可以看看自己能否尝试解决这个问题，然后回复你。"这样答复给用户的印象是，打电话不会有用，所以他们会等待智能数字工作者的回复，而后者很可能会使用人机回圈来得到答案。

14. 承诺和指派模式

此模式的灵感来自开发人员在JavaScript[①]中经常使用的一个概念——异步组件，有人要么承诺在下次登录时处理某项任务，要么在下次登录时指派其他人来处理任务。在大多数情况下，人们倾向于将与机器的交互分为呼入（对方发起呼叫）或呼出（你发起提问或做出响应）。承诺和

---

① 简称JS，是一种用于Web开发的编程语言。——编者注

指派模式则属于第三种分类，在现实生活中，这相当于笔者告诉你："嘿，下次你跟特迪（Teddy）聊天时，提醒他，他还欠我100美元。"在超自动化的生态系统中，承诺和指派模式采取了任务队列的形式，以便下次特迪与组织联系时，能够收到这些任务。这个模式几乎就像是一个收件箱，只有当有人进行呼入联系时才显示其消息队列。手机公司已经在使用这种模式了：当你打电话时，它们会提醒你该进行设备升级了。对于呼入，使用此模式可以巧妙地避免长时间呼叫。例如，如果最近下单的人打电话进来，那么在他们的消息队列顶部会有一个任务："我注意到你本周早些时候从我们这里订购了一些产品。好消息！你的订单已经发货了！需要我帮你跟踪物流信息吗？"这样的个性化体验节省了用户时间，并增强了用户对智能数字工作者的信心。承诺和指派模式非常棒，因为它能在提供更周到服务的同时避免惹人生厌。由于客户已经尝试和你取得联系，你可以向他们提供一些有用的信息，以节省他们的时间。

15. 协调模式

这种模式是为了让多个参与者围绕一个特定的目标共同工作。该模式可以用于安排会议或者收集公共信息。它的复杂度更高，通常会结合其他子模式应用，比如追赶模式、追踪模式和事务处理模式，共同协作完成任务。

16. 分享模式

该模式旨在与有需要的人共享信息。这种主动模式有助于以相关或上下文的方式传播信息。在分享模式下，流程会发送包含有用信息的消息或链接。

17. 教授模式

此模式教导用户如何做某事，通常是从问答模式中加载。其目的是提供一系列的课程和 / 或指导。它可以从一个对话中提供，也可以是在多个对话中。

18. 预测模式

在这种模式下，机器使用既往交互和上下文数据来预测用户意图，对话中会经常暗示可能出现的结果，例如："根据以往统计，这个选项更有可能会带给您期望的效果。"该模式通过审查所有的可用数据来预测可能的结果，减少了不必要的步骤，使对话尽可能更富成效。

19. 流程挖掘模式

该模式可以训练机器分析数据，目的是识别当前和历史流程和事件中使用的模式、低效的操作以及演进机会。

20. 异常检测模式

异常检测模式属于流程挖掘模式的一个分支，用于检测异常数据，例如偏离标准或预期的事件。

21. 异常缺失检测模式

异常检测模式是一种很有意义的模式，其涉及定期评估数据以检测人类通常不擅长发现的内容，如数据缺失。其本质是机器在数据缺失的情况下识别模式和意义，并将每次缺失当作一次事件——在某些情况下，这可能等同于识别错失的机会或机会成本。

例如，客户经理可能会注意到客户乔安娜（Joanna）在六个月内购买的商品比大多数客户购买的商品都要多。但若是六个月里乔安娜反常地没有购买任何商品（数据缺失），那么客户经理不太可能注意到这一点，而智能数字工作者则可以提醒客户经理这件事。这样公司就可以在她下一次购买时提供特别优惠，以此提升她的购买意愿。

22. 中介模式

这个模式相对简单，其中包括一个实时代理。它会将用户交接给智能数字工作者，以便更有效地执行一个机器比人类工作者能更高效执行的任务。例如，如果你一直在与一个代理讨论一项购买事宜的细节，那么代理可以让智能数字工作者跟你对接、收集付款信息（也许你的手机会弹出一条短信，要求提供信用卡号码或信用卡背面的照片）。另一个示例：你通过电子邮件向服务提供商发送查询信息，负责审查其支持团队收到电子邮件的智能数字工作者检测到有信息缺失。接着，你会收到一封来自智能数字工作者的后续电子邮件，要求提供账号和服务地址。这样，代理后期得到的文件上就有所需的完整信息。这种方式减轻了代理的负担，使其不必处理额外的后续工作，而且你的请求也能更快得到满足。

中介也是一个需要关注的重要模式，因为它表明可采用许多创造性的方法构建自动化，使之不需要应用程序接口，也不需广泛集成。中介模式简单来讲，就是指接收电子邮件的智能数字工作者使用自然语言理解技能来查看及检查内容，并确定是否存在信息缺失。智能数字工作者可以立即回复用户，询问缺失的数据，而不需要集成。

23. 人机回圈模式

自动化只有在掌握数据的情况下才能发挥作用。在功能强大的人机回圈模式中，人类提供数据来帮助训练智能数字工作者，也可以帮助智能数字工作者解决无数的对话或对话的变体问题。整合了人机回圈模式的流程通过不同的渠道（呼叫中心、聊天渠道、短信或是 Slack 等协作工具）来获得所需的信息；反过来，其流程也可以更新它们的知识库和技能。在其他情景中，如前文所述，当智能数字工作者卡滞在某个问题上时，人类可以指导它们下一步该做什么。团队成员既可以为智能数字工作者提供机器学习信息，也能以特定的方式编写交互脚本。

24. 人为控制结果模式

在任何层面上，超自动化都需要由人类来操控。机器自主做出有效决策的能力将继续提高，但让人类控制结果乃是关键。即使机器是为了最大限度提高人类生活工作的效率而设计的，人们也不愿事事都严格听从机器的指令。但人们可能愿意与能定期提供增效建议的机器进行互动。

25. 元认知行为模式

该模式更像是一种包罗万象的模式，它包含并强化了上面描述的多个模式。该模式是在你的生态系统中创建一种意识模式。这样，当智能数字工作者学习个人技能时，它们也是在管理提升整体的知识储备。学习技能与能积极地意识到你正在学习（并在之后会对学习内容进行项目管理）并不是一回事。就我们的目的而言，这个模式可能就像要求智能数字工作者按照时间表学习新技能一样属于很基础的级别。该模式还包括更高级的功能，比如基于用户查询让智能数字工作者记录并提出相应建议（例如："我注意到很多用户都打电话要求重置密码。这项技能我可以学会吗？"）。你也可以为你的生态系统寻找新工具，然后根据用户评价或功能评级对它们进行审查。

26. 行为模式

全球卫星定位系统经常对上述多种模式进行排序，旨在为用户提供比人工更好的体验。你驾车去开会，中途经过一个不熟悉的地方，由于还有一些空闲时间，所以就向智能手机询问附近是否有咖啡店，这样就会激活问答模式。系统会使用上下文模式找到最近的咖啡店，在地图上标记出精确的地点，然后系统会使用引导模式，指引你前往。它还可以使用预测模式来识别前方可能导致延误的交通事故。此外，系统还可以使用轻推模式，估测出你或许想要选择一条小路。这是一个包含语音、文本和图形界面的多模式过程，它通过继续演进后还可以增加其他模式，例如事务处理模式可能会帮你提前点咖啡、付款，这样就可以确保你的会议能准时进行。对话设计排序的主要设计模式见图 15.1。

主要
设计模式

你可以将以下信息提供给首席体验架构师和设计战略家，以备不时之需

		提问模式 ⟶	回答
提醒模式 ⟶	建立意识	查找模式 ⟶	检索新信息
回调模式 ⟶	减少等待	上下文模式 ⟶	从你当前位置开始
追赶模式 ⟶	回应	记忆模式 ⟶	记忆以便快速检索
接近模式 ⟶	修正行为	引导模式 ⟶	将用户指引至正确目的地

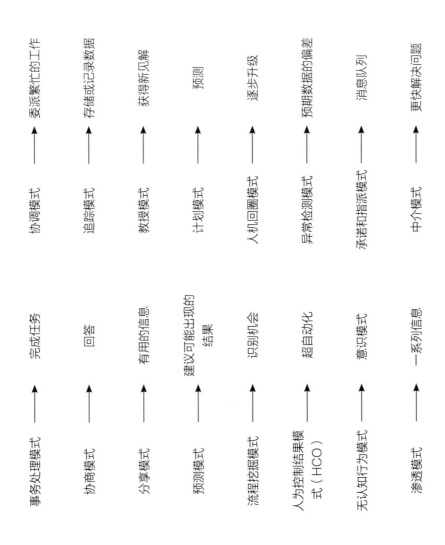

图15.1 对话设计排序的主要设计模式

事务处理模式	→	完成任务		协调模式	→	委派繁忙的工作
协商模式	→	回答		追踪模式	→	存储或记录数据
分享模式	→	有用的信息		教授模式	→	获得新见解
预测模式	→	建议可能出现的结果		计划模式	→	预测
流程挖掘模式	→	识别机会		人机回圈模式	→	逐步升级
人为控制结果模式（HCO）	→	超自动化		异常检测模式	→	预期数据的偏差
无认知行为模式	→	意识模式		承诺和指派模式	→	消息队列
渗透模式	→	一系列信息		中介模式	→	更快解决问题

行动要诀

- 我们每天与其他人的对话会提供即时反馈，从而影响流程。设计对话需要从一个提示开始，并尽可能地猜测对方可能会如何回答。

- 人们会向你寻求帮助，所以你应通过将实际的对话作为战略核心来提供帮助，并避免最常见的问题：终端用户采用率低。

- 成功的自动化是通过排序设计模式被构建的。机器擅长将人类先进的预测理念作为指导。

- 文中推荐的排序模式可以提升用户体验，从而建立有效的人机关系。

- 不同的模式可以让你的机器人为人类提供更多帮助，使能力一般的机器人演进为能力超强的机器人。

第 16 章

超自动化产品设计

直到最近，与计算机进行真正的人机对话这一概念从科幻小说的内容逐渐变为现实。语音识别技术的提升虽然耗费了几十年时间，但是如今已经进步到接近人类识别的程度，尽管并不如人们想象的先进。简单地把声音翻译成文字并不意味着理解话语背后的含义。真正的理解意味着不仅能理解词语的意思，还意味能明白用户说话的意图。无论语音沟通问题还是其他沟通渠道方面的问题，产品设计都可以在这些方面发挥作用。

在产品设计过程中，对话设计师负责创建人与机器的对话体验。就更传统的体验设计而言，这种体验设计就好像设计师细细剖析框架，直面对话体验设计的本质。首席体验架构师可以将用户与智能数字工作者的高水平工作过程绘制出来。现在，对话设计师创造了能够提升工作水平的流程，用户在对话中可以选择词语和微调语气，体验变得生动起来。

对于用户来说，对话式界面就是系统。这是一件好事。

但设计师和架构师在他们的终端上不能将之与系统界面混淆，这一点至关重要。

你会惊讶地发现你很快就会与对话式界面产生共鸣，这同时也证明了对话的本质是工具。但是，由于对话式界面只是接入点，因此自然语言理解能否成功取决于它是否可以足够深入地理解语言和上下文，以此来确定用户意图。这种对上下文的理解是由设计合理的生态系统形成的。因此，当你调整对话设计时，请始终记住，这个界面并不是系统，而是进入系统的门户。

在构建对话式人工智能的失败尝试中，设计者也创建了许多迎宾机器人。一台没有实际技能的机器——只能在复杂的自然语言理解引擎上运行，勉强被用作组织的一站式门户，必然会导致组织失败。如果用户不知道机器可以做什么，那他们可能会认为机器是无所不能的。这当然是无稽之谈。正如前一章引导模式的部分所述，迎宾机器人不是一台机器，而是一种技能，而且通常是用户体验到的第一个技能。迎宾技能通过提出问题来评估用户需求，这些问题可以映射到生态系统中的其他技能。迎宾技能决定了哪些技能最有可能带来好处，并将用户与这些技能联系起来。（例如，如果智能数字工作者是在处理老用户的请求，那么运行迎宾服务技能就可以在最初的交互过程中交叉参考现有的客户数据给出有价值的回复。）一旦智能数字工作者知道用户的真实意图，然后使用最合适的自然语言理解引擎，它就可以使用不同的技能引导用户，从而给用户提供比人工客服更有效率、更加精准的服务。

分析和报告至关重要

超自动化需要分析和追踪来建立全新的关系，这一点并不令人惊讶。这种全新的关系令人兴奋，可以给你带来启示，因为超自动化需要依托工具，让你能够实时分析和报告用户与智能数字工作者之间的交互。从本质上讲，这样创造的用户研究形式强大且具有整合性。当然，这种新颖且高产的用户研究形式需要结构复杂的生态系统。

对话式人工智能的实现离不开分析和报告，它们可以提供对生态系统的创建和演变至关重要的信息。它们在这个生态系统中是独立运作的。即使是最基础的对话式人工智能用户体验也会产生大量数据，从分析的角度来看，这是一件好事，因为信息是多多益善的。但对话式界面产生的非结构化数据需要经过分析以使你可以理解其背后的意义。将这些不断增多的模糊信息与组织内部的数据结合起来，具体来说，就是提供对话体验的数据。这项操作十分复杂。

连接设备也值得一提。物联网设备虽然看起来不像计算机，但运行起来和计算机相似，同时它也是数据点。不管你是否意识到这一点，各种形状、各种体积的计算机的确在我们生活中无处不在。如果你的冰箱识别出它的门被打开了，并开始运行软件，那么这个门就变成了一个接口。冰箱既是冷却装置，也是计算机。因此，你可以将电视、扬声器、蓝牙贴标和猫砂盆缓存的所有数据添加到需要参考的数据源集合中。

如果你是一名分析师，数据就和你如影随形。假如你有一个项目要测试，并希望获得尽可能多的数据，就可以通过不同的筛选程序来寻找合适的模式。有各种各样的工具可以帮助你处理大量的数据，找到可操作的模式去使用，比如机器学习工具。在助力超自动化时，这些工具不需要实时工作，但需要足够灵活，以便分析人员可以以多种方式获取数据。

假设你是一家基于订阅的猫砂公司的分析师。你发现当客户搬家时，他们往往会取消订阅，然后在搬完家后再重新订阅。你可以运行数据以查看其预感是否正确。接着你会确认：用户会取消订阅，然后创建具有不同地址的新订阅。这些信息很有价值且可操作，你可以将其提供给体验设计师。

当对话体验设计师为智能数字工作者构建对话工作流程时，他们可以实现围绕分析人员提供的模式构建的算法。在猫砂公司的例子中，对话体验设计师可以在用户首次登录和提交取消订阅时添加提示信息。对话体验设计师也可以设计对话与用户沟通，让用户意识到更新他们的地址比取消订阅然后重新订阅更加容易。

当对话体验设计师做出这些调整时，你可以利用实时报告来了解操作有效与否。在某些情况下，他们甚至可以在交互过程中进行改进。这是超自动化中报告的特点。报告总是在进行，也总是在实践。从战术上讲，这种操作需要一个控制板，让体验设计师能够观察用户与智能数字工作者的互动，通过一系列技能和流程进行报告。当体验设计师能够真正看到用户如何与机器进行交互时，他们就可以定期微调交互对话。

大多数人将机器投入使用后会产生一些数据，但这些数据就像黑匣子一样，只有一些基本指标，如损耗、挂机等。在为超自动化创建生态系统时，这些数据几乎没有多大用处。除非总是实时汇总数据，否则你将会发现在真正出现纰漏之前是很难发现问题的。实时报告的真正价值在于能够及时追溯对话，为了创建和演进超自动化，你需要将其融入正在使用的任何工具中。

我们需要的是一个不断旋转的反馈循环。随着技能的部署和利用，通常在进行对话时，我们可以分析和迭代这些交互。这些操作是必要的。如果你不能轻松报告人们如何使用你的系统和体验，那你将发现自己无法实现快速迭代的承诺，而快速迭代对于超自动化来讲至关重要。超自动化允许我们创建超个性化的解决方案，但这种超个性化需要与分析和报告来建立更深层次的关系。

这不仅是生态系统中聚合和实现大量数据的最有效方法，同样对你的团队也颇有助益。在这种情况下，数据分析师可以直接专注于他们最擅长的事情：挖掘数据和识别模式。你的体验设计师将以互补的方式设计真正动态的体验。依靠令人兴奋的新迭代率，你应该可以点燃任何热衷于体验设计进程的人的创造热情。

在某种程度上，这是一种动态的、新形式的体验设计，以最纯粹的形式呈现了这个过程。通过设计体验实时观察它们的发展轨迹，并抓住机会改进它们，你每小时或每天都在执行步骤。在典型的软件开发场景中，这个操作可能会历经几个周甚至几个月的间隔。如此一来你就创造了一个反馈循环，让你能快速设计和维护令人难以置信的功能强大的软件。

然而，请记住，公司的成功不在于他们生产的软件更多了，而是因为他们生产了更多的优秀软件。这就是这种新的体验设计方法发挥作用的地方。当体验设计师不再需要担任开发者的角色时，当他们可以随意创建和演进软件，而不必编写代码时，他们就可以专注于设计真正优秀的软件。

追求适应性设计

适应性设计是下一个层次的概念，涉及测试、分析和设计的快速迭代循环。其理念是通过测试各种事物的组合，获得可用于设计的有价值的见解。笔者的团队曾协助斯坦福大学进行了一项研究，利用短信帮助父母教孩子阅读。整个研究的目标是找到内容、语言和日程安排的正确组合，以获得最积极的效果。我们发现，只要不断微调使效果最大化，那么这种交流在改变人类行为方面成效是非常显著的。

例如，前四周的早上 7:30 要求父母让孩子进行早读的短信提示是有效果的，并不意味着它将永远有效。用户界面需要通过探索与利用的循环进行调整以探索正确的组合并优化体验，然后利用它，直到它效果减弱，然后返回再继续探索。

不同的模式对不同的人或角色也有不同的作用。你必须能够适应日程安排，但也要从个性化的角度出发，根据实际情况进行调整。笔者的团队将这种想法应用于服务查找服务，例如需要装修的房主。当然，如果有人第一次尝试使用该服务时服务提供者没有出现，他们就不会再使用该服务，因此确保第一次交互顺利进行至关重要。通过基于语言、时间和提醒的多种组合，我们能够确保服务提供者准时出现（同时房主也会在那里与他们见面）。我们允许系统适应警报疲劳等情况，并利用我们可以识别的所有个人数据。（例如，内饰装修工人对实地考察请求的回应可能与水管工不同，因为前者需要更多的提前通知以便于准备材料。）

措辞和时间可以根据个人情况定制。能够适应一个优化的公式，并意识到它可以被再次优化，这有助于你为机器学习创造一个环境。在这个环境中，没有完美的组合，因为任何事物都是动态的。这听起来并不简单，但它的效能和作用值得我们付出努力。当它们结合在一起时，改变行为的能力是令人难以置信的。我深知这种方法的力量有多么强大，因为我们已经用它有效帮助人们戒掉了烟瘾——最难戒掉的瘾之一。

有些事情为了复杂而复杂，但正是这种复杂性带来了个性化的力量。

新的门户，不变的旧五帽架

我在这里阐述的分析和报告范式是颇具新意的，还有一种对数据进行分类的经验方法同样有效：五帽架。五帽架的创造者（TED[①] 的创始人）理查德·索·乌曼（Robert Saul Wurman）说："我相信只有五种组织信息的方法，并且人们也已经接受这个观点。我使用首字母缩略词表示这五种方法：地点、字母、时间、类别和视觉层级。"这五个类别可以应用于组织所有类型的信息。当处理需要在为之构建的生态系统中进行分类的大量信息时，这五种方法特别有用。乌曼在为他的著作《信息焦虑 2》（*Information Anxiety 2*）发布的媒体视频中介绍了这五种方法的工作原理：

如果我给出 12 万个单词，那它们不过是一堆单词的组合；如果我把它们按字母顺序组织排列起来，它就是一本字典。现在，如果我将它们分门别类，这些类别有自己的意义……你就可以称之为百科全书……（如果）我们能按时间顺序组织（它们）……那么它将成为一本历史书。我们还可以把它们按地点组织起来做成地图集。按照从大到小或者从小到大的顺序把它们排列起来，我们就得到了一个十位列表——就像是大卫·莱特曼（David Letterman）在脱口秀里做的那样。

使用五帽架对数据进行分类和呈现的不同方法，可以帮助你指导分析和设计报告。

---

① TED，是一家美国私有非营利机构，以它组织的 TED 大会著称。——编者注

分析和报告的最佳实践

以下是在你的生态系统中利用分析和报告时可以参考的一些最佳实践。

使用跟踪点进行基于技能的路径报告

跟踪智能数字工作者的性能需要密切关注任务完成度（即用户利用智能数字工作者完成了什么？）和黄金路径（即最常用的路径，为了最佳体验效果应该优先考虑的路径）等指标。请记住，如果用户因为获得了所需的信息而离开，那么结束咨询或中止与智能数字工作者的对话有时是一条黄金路径。

使用跟踪点来衡量人们通过技能和对话所走的路径，这么做的目标是确定黄金路径。失败路径指以未设计好的方式结束的路径。不完整的路径指的是尚未完成但用户打算完成的路径。丢失的路径指的是系统不处理但用户正在寻找的路径。

你应随时准备好处理超时和错误日志等异常情况。在标记流程时，请记住，用户可以在单个对话中完成多个技能。对话结果可能包括几种技能，并且可能由智能数字工作者发起对话并由用户结束。记录对话中花费的平均时间通常于整体而言起不到什么作用，但在技能级别上会很有帮助。

下面这些结果在设计过程中会很有帮助。

包含对话：对话已包含在内，不需要人为干预。

人机回圈：由智能数字工作者要求人工干预，或对话需要人工参与。

人工参与对话：将交互交给人类来完成，可能是黄金路径，也可能是失败路径。

用户退出对话：用户退出正在进行的对话。

以下是你需要追踪的指标：

提示等待的时间（NSP）。

重新提示：未识别出操作。

无法理解的词组——领域内（本应理解）的词组或是跨领域的词组。

转录失败。

从音频中转录错误的文本。

以下导航跟踪点可以为对话设计者提供有用的信息：

通用快捷键。

追踪语音结束检测时间。

回合数，即在对话或技能中有多少回合或回应。

误报。

拒绝修正。

信赖分数。

其他高可信度的集合。

行动要诀

- 产品设计由对话体验设计师根据首席体验架构师创建的高级过程地图创建和微调流程组成，类似于传统的体验设计师细细剖析框架，直面对话体验设计的本质。

- 用户可能会将对话式界面视为系统，但它实际上只是接入点。

对话体验成功与否取决于智能数字工作者是否对语言和背景有充分的理解。

- 演进用户使用智能数字工作者的体验需要工具来实时分析和报告用户与智能数字工作者之间的交互。

- 超自动化涉及理解大量信息，包括用户带来的信息（他们如何传达他们的需求，以及他们提供的辅助性文档和数据）、内部数据存储，以及来自给定体验所涉及的连接设备的信息。

- 遵循分析和报告的最佳实践将帮助你更快地迭代新的解决方案并完成更多任务。

第17章

对话设计最佳实践

作为一种界面，对话可以很容易地模拟人际关系，从而更容易收集反馈。想象一下，对话体验能帮助新员工找到合适的课程，以助力他们在事业上获得成长。与设计一个界面来呈现具有一般评级的可浏览的课程列表不同，对话界面可以提出一系列问题来消除歧义，将用户是谁以及他们可能感兴趣的内容置于上下文中。对话式人工智能可以提供建议并获得对这些建议的反馈，从而形成一个发现过程。当确定某些模式时，对话式人工智能可以将用户映射到有助于确定他们应该参加的课程的角色。通过在过去十年中构建的数以千计的对话式人工智能应用程序，笔者确定了对话式设计的一些最佳实践。在此，笔者将总结的最有价值的57条经验列举如下。它们不按重要性排序，而是从一般概念开始，然后朝着更具体的概念渐进。

1. 请牢记，一致性是关键

期望值不会保持不变，它们会增加或减少。最保险的选择是与你提供的体验保持一致。一个在预测和个性化方面都超级先进的智能数字工作者所产生的所有善意和留给用户的印象可能会很快被另一个愚蠢的智能数字工作者浪费掉。

2. 个性化先于个性

创造更加个性化的体验比花时间赋予应用程序个性更重要。与有趣的智能数字工作者个性的相比，智能数字工作者如果了解用户的个人背景，那将给用户带来更好的体验。

3. 短语提示的正确方式

获得正确的响应取决于你提示用户的方式。Howdy 有人理解成"你好"，也有人认为是"你好吗？"。"Hello"就更直接易懂。另一个例子：面对"我可以问你的电话号码吗？"这个问题，有些人可能会提供电话号码，有些人可能会给出是或否的答案。使用更直接的语言效果更好："可以说一下你的电话号码是哪些数字吗？"

4. 不要使用反问句

在人与人的对话中，反问可能会造成混淆，更不用说智能数字工作者与人之间的对话了。简单即可，记住你的主要目标是帮助别人。

5. 使用问题作为回答的一部分

将问题的一部分添加回你给出的答案中，以便人们知道智能数字工作者从你的交互中解释了什么。例如：如果用户询问智能数字工作者天气如何，那它会回答"今天的天气是……"。

6. 始终将问题放在最后

人们习惯于以问题结尾的事务性对话，因此在陈述的末尾会提出问题以避免打断对话流程。

7. 对话式交流

对话式应用程序应该采用直白的对话式交流，避免过度文雅的表达。我们说话的方式与在文章、营销材料、书籍等中所写的方式不同，太过文学性的脚本会破坏对话体验的基调。

8. 问候标准

许多用户会先访问机器人或智能数字工作者。因此，即使你的智能数字工作者以"你好，我能为你效劳吗？"开始对话，你也要接受用户可能用简单的"你好"回复。

9. 请注意，更多音节有助于语音识别

短语可能更含糊不清，更难识别。你可以考虑使用三个音节的回应。

10. 不同的声音语调可以表示不同的上下文

改变声音可能是排列不同上下文的有用方法。你可以调整语音合成标记语言（SSML）中的音调或选择不同的语音配置文件，比如在一项任务中使用女性声音，而在另一项任务中使用男性声音。这种简单设置也可以令用户感受到变化。

11. 不要承诺太多

会话设计师应该谨慎行事，避免过度承诺。即使是一般性的查询，例如"我能为你提供什么帮助？"，在你的智能数字工作者功能很少的情况下，也可能是过度承诺。自然语言理解引擎是使用对话式人工智能尝试失败的罪魁祸首，因为它们很容易给人留下复杂自动化的印象，而实际上并非如此。自然语言理解很重要，但如果它只是独立存在，与生态系统脱节，就像客服代表能够理解你的问题但却没有工具来帮助你解决问题一样毫不实用。作为附加层面，一旦你开始创建复杂且直观的体验，人们也会对未来的交互预期也会提高。这是炒作循环的一部分。向用户展示一个技巧，他们下次会想要更好的东西。避免失望的最简单方法是清楚地、坦率地说明你的对话式人工智能的功能。

12. 在对话中定位用户

提示输入时，你要考虑引导他们的响应。例如，如果他们正在寻找一个地点，那么你可以说"你附近有四个地点，你可以向我询问其中任何一个"可能会有所帮助。

13. 初期的适应过程具有持续性，需要加强同理心

许多用户对与智能数字工作者交互的体验是陌生的，用同理心的提示引导可以让他们舒适地加快速度。

如下便是一个较好的智能数字工作者介绍示例，它为它可以提供的各种体验提供了一个很好的入口："嘿，特迪，我知道你每周都有很多会议。你知道我可以帮你安排和调整吗？要不要现在试试看效果如何？"

几天后，看到用户已经学会使用了它的功能，智能数字工作者可以跟进并引入一些新的更为复杂的功能："你好，特迪！很高兴我可以帮助你安排昨天的会议。你是否知道你可以使用的所有通信渠道与我联系？试试用这个号码给我打电话或发短信。你也可以通过 Slack 或电子邮件联系我。"

14. 会话标记有助于用户明了当前进展情况

时间表、致谢和积极反馈有助于推动用户完成对话并设定期望值。例如，如果一名智能数字工作者正在跟进一名内科患者的治疗，这些标记点将有助于指导他们解决一系列问题：

- "我会问你几个关于你康复的问题。"
- "我先问一下……"
- "很好，那么有多少……"
- "好的。最后一个问题……"

15. 视觉提示的妙用

在适用的情况下，添加主题图像为用户提供他们的陈述已被理解的视觉提示，可以提供有趣且流畅的体验。

16. 有时可以猜测用户的期望

针对简单的问答，根据过去的经验猜测用户想要什么是可以接受的。例如，如果他们问"天气怎么样？"，就假设他们指的是今天，并给他们当前的条件。

17. 避免发表有关敏感话题的言论

你可以训练智能数字工作者来检测用户的某些信息，例如年龄、原籍国、设定性别，甚至是他们当前的心情。但是，即使支持数据证实了用户的年龄，通过提醒用户他们已经 40 岁这种冒犯的方式，其风险也可能会远远抵消任何已拥有的优势。同样，如果你试图展示智能数字工作者在情绪检测方面的能力但失败了，用户将失去对该系统的信任。如果智能数字工作者说"看得出来你很难过。别担心，我只想帮帮你"，那么这可能会激怒一个实际上并不难过的人。你要避免暗示智能数字工作者使用此类评估语言，除非有特定需要让智能数字工作者回应潜在的敏感话题。

18. 回复可以简短

回复用户时，内容最好保持简短。如果适当的回答很长，那么请厘清问题，并分成多次进行答复。

19. 完成交易前先确认

在完成交易之前始终通过征求用户的意见来与用户确认。通过重申已完成和 / 或开始的内容来跟进交易也可能是有益的。例如："感谢你的购买。你的订单已处理，你的商品发货后，你将收到一个验证码。"

20. 宣传智能数字工作者的其他功能

在适当的时候，通常在交互结束时，考虑让用户了解他们将来可以使用你的智能数字工作者的其他方式。例如，在交易结束时，你可能会让智能数字工作者说："感谢你的订单。如果你想了解交货状态或需要更改你的订单，请随时给我发短信。"

21. 保持请求透明度

当向用户询问信息时，要清楚你为什么需要它。健康的关系是互惠的，因此请利用机会解释用户从交互中得到了什么（例如："请输入你的电子邮件地址，以便我可以及时通知你有关你的交付情况。"）。

22. 允许用户表达困惑

如果用户不回答问题，那么可以考虑提示他们可以说"我不知道"，确保他们感觉到被支持，并知道在某些情况下，在出现提示时可以什么都不做。

23. 对响应进行分类

你可以将响应分为快乐、悲伤、严肃或有趣等类别，与最终用户建立联系。说到幽默，人们都知道机器的对话是人类写的。在合适的情况下，你可以以有趣的方式提供正确消息。这个方法虽好，但也要谨慎行事。

24. 负面回应

注意回应中的负面指标（"不""都不是"等）。例如，当有人要求电话提醒时，他们可能会说"今天不行"。如果你的系统能明确表达"不"，那么用户可能会更满意。

25. 随机问题响应

大多数智能数字工作者没有必要提出诸如"你好吗？"之类的随机问题。做机器该做的就好，不要试图表现得像人类。在有意义的情况下，可以针对用户的情绪做出配合。

26. 测试至关重要

测试至关重要，优于人类的体验可以在不影响用户体验的情况下提高测试速度。以下是一些实用的测试指南：

为你的测试对象设定场景（例如，"你正在尝试更改密码，而且你很着急。"）。

在构建自动化版本之前使用测试设计，看看用户是否真的喜欢这种体验。

在内部团队成员中测试你所构建的体验。

27. 调查用户

你可以使用诸如此类的提示来了解用户对你提供的体验的满意度：

我以后还会使用这个系统。

我很乐意再次使用该系统。

我认为人们会发现这个系统很有用。

我认为大多数人会认为这个系统用处不大。

该系统易于使用。

系统能理解我说的话。

系统哪些方面还有待改进？

你喜欢这个系统吗？

你还可以使用一个简单的评级系统来收集数据（对满意度／赞同度给

出从 1 到 5 分的分数；满意度水平分别设置为不满意、满意、喜欢等）。

28. 给智能数字工作者命名

在适当的时候命名智能数字工作者可能会有极好的效果。如果你的智能数字工作者在处理一系列客户请求方面有着良好的记录，那么将其命名为"加里大师"可以让用户感觉它功能强大。但仍需谨记，过度承诺可能需要付出高昂的代价。如果机器只能执行个别任务，还时常卡滞，那可不称上是什么大师。

29. 控制设计的交互数量

假设用户告诉达美乐（Domino）对话应用程序需要"重新排序"，它可能会限制潜在交互的数量。如果应用程序响应"我可以重新订购你上次的点餐：一个大号比萨、一支大苏打水和希腊沙拉"，而不是"你想重新采购哪个订单的商品——是 3 月 7 日、3 月 1 日，还是 2 月 4 日的订单？"，那该如何应对呢？

30. 交互式对话设计

猜测对话的去向并围绕预期的对话交互元素创建设计非常有用。

用户："最好的环保清洁剂是什么？"

智能数字工作者："某品牌生产的评价最高的环保清洁剂。"

用户："我在哪里可以买到它？"

在这种情况下，你的智能数字工作者可以预计，如果有人要求产品推荐，那它们接下来要做的就是找出购买地点。

31. 考虑增加上下文数据的权重

增加上下文数据的权重可以帮助改善用户体验。例如，如果你的智能数字工作者在上午 8 点至下午 5 点期间向你发送消息，那么它可以假设你正在工作，并将更高的权重放在你正在工作的上下文中（该上下文的可能性更高）。

32. 上下文改善体验

让你的会话应用程序了解上下文：这位用户是回头客吗？他们有购买历史吗？他们的包裹送达了吗？

33. 为未来的对话存储上下文

存储上下文将帮助你避免不断消除用户问题的歧义。一旦用户知道自己身处何处，你就可以对不久的将来做出假设。

34. 消除用户请求的歧义

在用户提出问题后，跟进澄清问题可能会有所帮助。例如，如果用户问"最近的分行在哪里？"，智能数字工作者可以回答"你指的是距离丹佛还是博尔德最近的分行？"。

35. 表明智能数字工作者理解对话

表明智能数字工作者理解所说的内容。将语言转换为视觉效果，是让用户相信机器人或智能数字工作者正在理解他们的好方法。同样，你可以设计音频线索来在纯语音设置中表达理解。

36. 指向技能的流程

设计指向技能的流程以消除歧义。你可以训练自然语言理解建立一般理解，而不是试图让它理解特定的请求。如果用户想做一些涉及密码的事情，你可以创建一个流程来消除歧义并说"看起来你需要登录方面的帮助。我可以做以下事情……"。

37. 考虑延迟

延迟是指检索数据或连接到第三方系统时遇到的时间滞后。确保你考虑到了延迟并向用户提供了提示（例如，"谢谢你在我为你接通时的耐心等待。"）。即使是三秒的延迟，也会带来不愉快的体验。理想的做法是提前获取数据以完全避免延迟；但如果不能做到，可以用避免沉默的方法来保持对话进行，以改进用户体验。

38. 使用全局命令

全局命令是用户可用来在交互中的任何时候中断对话体验的东西。它们最常用于交互式语音应答场景（例如，允许用户插入对话，说"座席"已联系人工接线员）。始终准备好全局命令以确保用户对话顺畅。

39. 地标式音频

你还可以使用地标音频向最终用户传达意义，例如，始终使用特定的声音来向用户验证已理解他们的意思。就像新闻广播中的汽车喇叭声可能会提示听众接下来是交通报道一样，始终如一地使用适当的声音可以将特定声音与对话的标志性时刻建立联系。

40. 处理多个意图

有几种方法可以在会话设计中考虑多个意图。如果用户声明"我的订单尺码和颜色不对"，请考虑询问他们希望从哪个意图开始（尺码或颜色），为解答所有问题做好准备。你也可以从一个意图开始并提示用户："我们从尺码问题开始吧，这件衣服是小了还是大了？"

41. 常规使用与一次性／定期使用

使用对话界面的员工会更加熟悉常规使用，从而使设计人员有更多时间使用更高效的设计范例。外部用户不太可能对你的对话界面拥有相同程度的熟悉度，这值得采用非视觉拟物化设计。对于一次性使用和定期使用的环境，建议针对两者分别进行设计。

42. 实际解决时间和感知解决时间

实际解决时间是推动用户满意度的主要指标；但感知解决时间比实际解决时间更重要。有一些方法可以让用户认为实际解决时间更短。你可以考虑多种设计因素，例如回拨电话而不是暂停、消除对话中不自然的停顿和双音多频（DTMF）代码（使用户能够在电话体验期间使用键盘上的数字来输入数据）等，它们都有助于减少感知解决时间。

43. 使用置信度分数来训练智能数字工作者

在构建使用自然语言理解引擎的技能时，你的智能数字工作者将返回它从用户那里收集的意图（问题）的置信度分数。例如，如果有人请求帮助跟踪他的订单，而你的智能数字工作者尚未接受处理此意图的培训，那它可能会返回较低的置信度分数。在这种情况下，你可以添加低识别度响应，从最终用户那里获得帮助来训练你的引擎。

最佳做法是坦诚相待，不要过多承诺，例如说："你好像是在询问有关订单跟踪的问题。我可以找人帮你解决这个问题。"

44. 通用型确认有利于数据收集

问"你今天早上感觉如何？"或其他一些通用数据确认对你和使用智能数字工作者的人都有好处。需要记忆会给用户带来很大的认知负担，而信息传递通常被人们用作存档机制。给他们发送短信或电子邮件，这样他们就可以在将来检索到这些信息。

45. 同指

同指用于跟踪对话中的主题，例如"他"或"她"指的是先前在对话中提到的人。例如："你们公司的创始人是谁？""他住在哪里？"

"他"就是"创始人"的同指。你需要创建一个名为"他""她"或

"他们"的变量并为其分配一个名称，以便在有人键入"他""她""他们"或"他们的"时你可以引用它。跟踪同指可能需要为每个代词创建可变版本，以根据你引用的对象动态调整。

46. 知道插话的时机

与人际对话一样，人和智能数字工作者之间的互动可能会因中断而窒息。允许用户插话有时很有用（能够在令人困惑的交互中呼唤"接线员"是一条宝贵的生命线），但有些情况下却很麻烦（如果用户在智能数字工作者列出选项时，用一个不熟悉的响应打断它，那双方交流都会陷入混乱）。

让用户知道他们正在等待提示时过程仍在继续，这总是有帮助的。在视频频道上，你可以创建表示运行中断的视频循环来缓解这种局面。

在信息提示期间，在询问用户他们想做什么之前，列出选项可以阻止他们提前发问。

47. 语音识别的准确性胜过价格和延迟

无法准确解释用户请求的解决方案，即使便宜也不值当。一个快速却不准确的系统最终只会更快衰落。

48. 在使用文本转语音时，要考虑混合解决方案

你可以让人工记录对话提示，然后使用文本转语音和语音合成标记语言来填补缺失的内容。例如，如果你录下人力资源团队的一名成员阅读的选项列表，但没录制该人声音的此提示——"我不确定我是否听到了你的声音，你能重复一遍吗？"，那这时可以使用 TTS 创建该脚本并将声音调整为类似的人声。这种方法可能并不完美，但仍然可以很好地为用户服务。

49. 考虑用于验证用户的语音身份

在需要敏感数据的情况下，验证用户的声音可以成为体验的一个有

用部分。

50. 回答第三方的问题

与其在自然语言理解模型中加载常见问题解答或搜索结果以提供第一方答案，不如考虑智能数字工作者应使用第三方结果回答的场景。智能数字工作者可以说："我不知道，但我通过网络搜索找到了答案。"本质上，智能数字工作者应像人类一样处理它。通过向用户展示第三方信息，你可以让他们得到问题的答案。

51. 适当时使用语音渠道

仅仅为给网站提供语音功能而启用语音的话，其价值不大；但通过网络和语音的结合来创建多模式交互，则可能产生极佳的效果。就像在真实对话中一样，总会有一些情况下，向他人展示视频剪辑或视觉辅助工具会比尝试通过文本或语音进行解释更有效。

52. 应内置动态语法

要始终考虑对字母数字响应、姓名或电子邮件地址等内容使用动态语法。例如，如果有人键入拼写错误的名字，系统就可以应用模糊匹配来确定他们的意思，比如"Josh"，即使他们键入的是"Joshh"系统也要能识别。同样，如果他们输入"josh@gmale.com"，系统要能假设他们可能指的是 gmail.com。

53. 处理对话设计中的错误

通过回答诸如"抱歉，我还没有接受过该领域的培训"或"我不明白你的问题"之类的内容来设定期望。如果智能数字工作者没有通过语音渠道收到回应，就通过提示用户重复自己的话来回答，比如"嗯，我没听到。你能重复一遍吗？"。你也可以使用 DTMF（双音多频——拨打号码以获得菜单选项）等替代方法，或提供诸如"请说'是'或'否'"之类的说明。

如果意图被识别但发生了错误，应让用户知道，"我在……时出现了错误提示"。如果意图被自然语言理解引擎误解并且你的智能数字工作者发现了它，请提供其他选项。这个对话过程可能存在误解或用户改变了主意想做其他事情的情况。有趣的错误训练很好，但要小心——如果你经常这样做，它会变得很烦人，就像翻来覆去地讲同一个笑话。

54. 不要构建所谓的"通用"智能数字工作者

"通用"往往意味着四不像。不要试图让你的智能数字工作者跨多个渠道做所有事情，而导致它在每个方向上只能提供最低功能。你应为每个渠道构建最先进的智能数字工作者。

你要充分利用每个渠道上的功能，并根据给定的上下文适当地编写对话。在为超自动化构建的生态系统中，你可以对各个最先进的智能数字工作者进行排序以共同参与工作流程，从而为用户创造比人工服务更好的体验。同样，并非所有智能数字工作者都需要成为私人助理，一些机器或智能数字工作者在一组特定任务上会以最佳方式工作。

55. 结对构建

如果你自己设计对话体验，就可能会错过一些东西；与一个 10 人小组一起构建，进展可能会停滞，因为每个人都难以达成一致。最有意义的对话往往发生在两个人之间，所以结对工作可能是理想的。在更实际的层面上，当两个人协同工作进行对话式设计（而不是来回交接项目）时，你可以让一个人专注于事物的逻辑、系统思考方面，而另一个人专注于设计元素方面。这样一来，漏掉的东西就更少了，并且可以更有效地测试和改进设计。

56. 考虑与机器对话的持续发展

与计算机的对话将会发展，可能会创造出一种比正式语言更有效的新语言。我们已经在诸如"BRB"之类的短信速记中看到了这一点——一种被称为"textese"（短信语）的语言。随着人们找到使用对话技术进行交流的速记方式，类似的事情将会出现。常规用户会找到最直接的方式来将需求传达给他们生态系统中的智能数字工作者。随着分析师注意到用户对话交流方式的趋势，以及体验设计师鼓励用户使用这些新的交流方式，它也在不断发展。

57. 将智能数字工作者排除在社交圈之外的好处

智能数字工作者可以具有拟人化的效果——从提供友好的提醒到在我们忽略提示时进行紧急沟通。在典型的人际交往中，当某人态度友好或傲慢时，我们倾向于以与社会地位相关的方式做出回应。这些直觉反应可以有多种形式。有人在提示你采取行动时表现得友好可能会让你放心，因为他们乐于助人，但如果你将他们的友好视为试图在社会等级中超越你，这也可能是一个警示信号。同样，如果有人在提醒中表现得咄咄逼人或态度强硬，可能会让人解读为试图表现出支配地位。智能数字工作者可以不懈地提醒我们，而不会让我们觉得这是一种威胁。智能数字工作者是与我们没有直接竞争且不存在别有用心的机器，处于我们的社交圈之外。这就是说，你如何选择拟人化智能数字工作者也会在用户对他们的反应方面产生相当大的影响（如果要让它们看起来非常人性化，那你可以冒险将它们引入社交圈）。这一切都与平衡有关，因此，拟人化以及拟物化也是你应该仔细考虑的事情。

本部分篇幅不小的信息量表明，超自动化领域的生产设计需要大量的策略和灵活性。如果牢记这些最佳实践，你可以减轻一些不适体验，取得更快的进步。

两大态射

在设计采用对话式人工智能的体验时，人们很想创造尽可能自然的感觉，但在为提高生产力而设计时，这往往是错误的做法。旨在让智能数字工作者看起来更亲切的自然停顿和俏皮话很容易远离情境，分散对于手头任务的注意力。虽然这类手法在娱乐产品中很有用，但在生产力工具中应谨慎使用。这就是为什么拟物化和拟人化在对话式人工智能设计中都发挥着重要作用，有时互为补充。

在视觉设计中，拟物化是使数字事物看起来像现实世界对应物的概念（图17.1）。早期版本 Mac OS 中的计算器具有带阴影按钮，使它看起来与办公桌抽屉中的计算器相似。随着用户采用范围的扩大，他们对这些视觉提示的需求逐渐消失。我们已经通过对话式设计进入了非视觉拟物化阶段，这意味着我们在用户理解技术方面遵循与视觉设计相同的轨道。对于对话设计师来说，这可能意味着他们可能需要添加一些交互以确保用户了解他们所参与体验的本质。例如，在对话的早期暂停下来提醒他们：他们正在与之交流的智能数字工作者是专用于处理特定请求的。

视觉设计师通过为对象加入人类特征和特性来运用拟人化，以使它们更具相关性。当用于会话设计时，拟人化会在智能数字工作者和用户之间创造人际关系的感觉。如果使用成功，这种方法可以建立一种联系

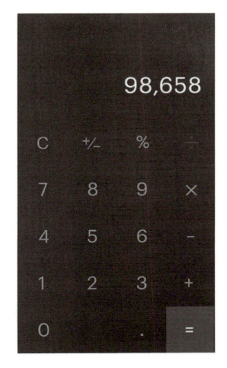

拟物化设计   高效设计范式

98658/1256×1984   98658/1256×1984

智能数字工作者

图 17.1　与会话设计相关的拟物化设计

感、信任感和忠诚感。我们必须认真使用这个强大的工具，不能欺骗最
终用户的感官，应让他们相信他们正在与可与之建立有意义关系的人进
行交互。如果用户开始像信任朋友或同事一样信任智能数字工作者，就
会有失去这种信任的风险，例如被拉进推销活动。这可能会产生长期的

负面影响。在培养智能数字工作者的亲和力上应谨慎行事，我们可以让互动更真实，但不要陷入欺骗（图 17.1）。

将重点集中在设计目标上也很重要。就生产力应用而言，其目标是让用户尽可能快速高效地从 A 到达 B。那些让智能数字工作者看起来更人性化的功能可能很快就会变得令人厌烦。就像是你要赶着去采购，却被喋喋不休的服务员拉着迈不开腿。

在游戏应用里，用户会花费数小时沉浸在具有模拟人类行为的角色的冗长故事情节中。用户并不希望减少与角色的摩擦，甚至会期待一种剧情带来的沮丧感。

拟物化和拟人化设计的目的都是帮助用户参与你的目标——本质上是通过细微差别和时间安排增加熟悉度和相关性，从而为他们提供更短的入门时间。这个过程需要极大的努力，把它做好并不容易。但是，一旦该技术广泛到人们已经熟悉的程度，在用户不需要那么多视觉提示的时候，设计负担就会减轻。

请注意，这些形态之间的关系可能会变得纠缠不清。

3D 化身和过于人性化的橡胶面机器人——这会让用户产生不安甚至厌恶的感觉。这方面的经验是，这些强大的设计工具应该以一种更适合的方式被应用。

行动要诀：生产设计清单

以下是设计对话体验需要考虑的因素。

易寻性

努力设计使用户能够轻松找到所需内容的体验。所提供信息的简洁性也很重要——用户不会被不相干的数据所淹没。

- 用户能否快速轻松地找到他们想要查找的内容？
- 如何跨渠道、跨设备和跨时间地计算易寻性？
- 用户是否有多种方式来获取资料？
- 外部和内部搜索引擎如何显示信息？
- 信息的格式是否考虑到了结果？
- 如何使交付的查询结果发挥作用？
- 是否支持用户以多种方式来获取信息？
- 搜索功能是否容易被发现，并始终置于相同位置？搜索功能是否易于使用？它是否支持修订和细化？
- 用户可否高效地使用查询生成器？（拼写检查、词干提取、概念搜索和词库搜索）
- 有用的结果是否被列为站内搜索结果列表的首项？
- 我们有没有努力设计方便导航的网站和可定位的对象，以便用户找到他们需要的信息？
- 我们是否有意识地避免让用户去面对大量的无关信息？

可访问性

可访问性是所有优秀设计的重要组成部分。你应将其作为战略核心，以确保每个人都能使用技术并发现个性化服务设计的机会。

- 查询体验是否会跨越渠道、设备和时间？

- 在未曾使用过的渠道中，其体验的一致性如何？

- 针对残障人士，其可访问度是否合规？

- 有没有考虑到世界上有 15% 或更多的人口身有残疾这一事实？正如我们的建筑物有电梯和坡道一样，我们的网站也需要为每个人提供无障碍服务。

- 系统同真实世界是否协调一致？系统应该使用用户的语言包括用户熟悉的词汇、短语和概念，而不是使用面向系统的术语。应遵循现实世界的惯例，以自然和逻辑的顺序提供信息。

- 用户浏览网站时是否能避免产生点击疲劳？

- 普适性信息架构是否有足够的灵活性来让自身能适应特定的用户、需求和搜索策略？

- 普适性信息模型是否有足够的一致性来适应其设计所需的目的、上下文和各类人员，并在其应用的不同的媒体、环境和时间范围内保持相同的逻辑？

明晰性

优秀的对话式设计始于明确的目标。每个用户都应该很容易理解各个选项，并就如何继续对话做出明智的决定。

- 内容易于理解吗？

- 有没有考虑到目标人群阅读时使用的语言？

- 完成任务的途径是否简单且不受干扰？

- 用户有没有觉得能轻而易举地描述个人体验？

- 是否通过美学和简约设计避免了无关或不必要的信息？

- 对话中，额外信息单元是否会对相关信息单元造成冲击，从而降低其相关性？

- 是否清楚搜索目的和查询的主干？

- 所有标签是否清晰且有意义？

- 信息内容的传达方式是否有助于信息被快速、准确地掌握？

- 所显示的信息是否易于辨识，即能否被准确辨别？

- 信息是否清晰易识？

- 独特设计是否一致，能否达到用户的期望？

- 是否采用了缩减措施，以便普适性信息架构模型可以管理大型信息集，并最大限度地减小从与日俱增的信息源、服务和商品中做选择而造成的压力和挫败感？

传达到位

对话界面应以有帮助且易于统一的方式传达相关信息，应留意让用户在整个使用过程中都得到适当的引导。请记住，这些体验是多渠道的，要让用户可以通过许多不同的方式共享信息。

- 信息在全过程是如何被传递的？它对任务有效吗？能不能对上下文有所支持？

- 状态、位置和权限是否明显且有相应说明？

- 导航和信息传递是否有助于建立跨渠道、跨上下文和跨任务的情形下都一致的场所感？

- 有没有可视化的系统状态，以便在合理时间内通过适当反馈让用户一直都能了解当前进程？

● 是否已通过将对象、操作和选项可视化来最大限度减少用户的记忆负担？（不要让用户去记忆不同对话之间的信息。一般情况下，系统的使用说明应该是可视化的或易于检索的。）

● 系统能否引导用户去了解网站的主题和相关内容？

● 用户所在的站点以及他们在站点中的位置是否明确？

● 对话是不是具有自我描述性以便用户能通过系统反馈立即理解每个步骤？

● 用户的注意力有没有被导向其所需的信息，从而使其易于检测？

● 普适性信息模型是否足以帮助用户减少迷失、建立场所意识，并通过数字环境、物理环境和跨渠道环境增强易读性和易查性？

有用性

不实用的设计没有任何意义，我们应以创造有意义的体验为目标，通过清晰直接的方式解决问题。你的设计决策应能让用户感受到被赋予了强大的力量。

● 系统是否有用？用户能否在不受重大挫折或放弃的前提下满足自己的需求？

● 系统能否通过满足新老用户的需求这一独特的方式来为他们服务？

● 有没有导航选项来引导用户访问接下来可能想去的位置？导航选项是否已被清楚标示？

● 帮助用户识别、诊断和修复错误非常重要。是否以通俗易懂的语言准确指出了问题所在并提出了建设性的解决方案？

- 系统能否能为前来访问的用户服务，并且知道他们寻找的信息？

- 有没有突出显示获得内容的最佳方式？在搜索中有没有按照各个结果显示有用的组件？搜索结果是否以实用的方式被分组了？

- 是否提供了一些导航选项来引导用户下一步往哪里走？

- 导航选项是否被清楚标示了？

- 在强调易用性的前提下，以界面为中心的人机互动方式和视角并没有涵盖网页设计的方方面面。你有没有超越基本的可用性？

- 我们必须有勇气和创造力去质询我们的产品和系统是否有用，并通过我们对工艺和媒介的深入了解来定义更实用的创新解决方案。作为一名从业者，你是否在极力克制自己，满足于仅在管理者规定的范围内行事？

- 对话是否适合任务？它是否支持用户高效地完成任务？

- 用普适性信息架构模型为多组信息、服务和产品之间提出相互关联的建议，来帮助用户实现明确的目标或激发潜在的需求，这中间是否有足够相关性？

可信度

可信度是在使用对话式人工智能时的关键因素。它可以像让用户轻松找到你的凭证一样简单，也可以像设计个性化体验满足用户需求一样微妙。

- 设计是否适合其环境和受众？

- 内容是否为最新版本？是否经常更新？

- 促销内容的发布是否足够谨慎？

- 联络是否足够方便？

- 凭证验证是否方便？

- 需要之处是否提供了帮助／支持内容？

- 用户能否感受到他们的隐私和安全是被优先考虑的？这一点在要求提供敏感的私人数据时尤为重要。

- 如果系统在没有帮助文档的情况下就能使用当然更好，但你能否提供帮助和文档？这个文档应易于搜索、以用户任务为中心、列出了需要执行的具体步骤。

- 那些会影响用户信任我们并相信我们所提供内容的设计元素，是否符合"网络可信度项目"（Web Credibility Project）给出的指导原则？

可控性

向用户提供相关功能及轻松回溯的特性，使其对整个过程尽在掌握。你还可以根据体验的性质提供不同程度的自定义，后端设计应便于在人机回圈中插入对话、引导进程。

- 用户可能需要的信息是否容易获取？

- 用户能否完成与这一体验相关的合理任务？

- 错误预测及消除的完善程度如何？是否提供了"人机回圈"来解决无法预见的错误？

- 当错误发生时，其解决速度如何？

- 能否提供让用户能根据自身需要定制信息或功能的特性？

- 退出和其他重要控制是否有清楚标示？

- 用户在错误启动系统功能时是否可以轻松返回，有无明确标记的"紧急出口"？用户是否不用展开冗长的对话就能如愿脱离当前状态？

- 能否通过消除容易产生错误的条件或检查以避免错误，并且在用户提交操作之前为他们提供一个确认的选项？

- 不为新手用户所知的加速器通常可以加快专业用户的互动，从而使系统同时满足缺乏经验和经验丰富的用户的需求。你是否允许用户定制频繁的操作来提升使用灵活性和效率？

- 当用户能够进行互动、控制互动的方向和节奏，以及达成目标时，对话是否可控？

- 对话的容错性如何？能否在输入明显有错的情况下，用户无须采取任何行动（或只需采取尽量少的行动）就可以获得预期结果？

- 在通过修改界面软件就可以满足用户需求的情况下，对话能否实现个性化？

价值

如果用户觉得某种体验有价值，他们就会重复体验。设计思维融入体验的每个元素后，其累积表达就形成了价值。

- 这是不是用户所期望的体验？

- 它在跨渠道交互的整个过程中，是否保持期望值一致而没有过度承诺？

- 用户可以轻松地描述其中的价值吗？

- 成功是如何衡量的？它是否对底线有所助益？

- 它是否提高了客户满意度？

- 其广度和深度是否平衡？

- 你对效率的追求是否因对形象、身份、品牌及其他情感设计元素的影响力和价值的提升而有所缓和？

- 非营利组织需要用户体验来完成他们的任务，以此为赞助商创造价值；营利组织则必须对底线有所助益并提高客户满意度。你是否展示了用户体验的价值？

可学习性

对话界面应易于用户理解并方便使用。它们的存在一定程度上是为了简化复杂的过程，而且保持一致性和清晰度。

- 界面是否便于快速掌握？

- 提供了哪些使复杂过程得以简化的手段？

- 是否有合理的原因令用户印象深刻？

- 为解决问题所采取的步骤是否清晰易懂？

- 其行为一致性是否达到了可预测的程度？

- 不应让用户去猜测不同的词语、情况或动作是否具有同样的含义。是否遵循了平台的规则来达成一致性和标准化？

- 如果对话能引导用户完成学习的各个阶段且最大限度地缩短学习时间，那么对话就适于学习。你的对话是否具备易学性？

- 其含义是否清晰易懂、无歧义、可解释和可识别？

愉悦

回顾历史，在启发式度量方面我们并没有谈及"愉悦"，然而超越用户期望的差异化因素和目标的考虑对消费者而言却变得越来越重要——当我们探索跨渠道解决方案时更是如此。

- 同其他类似的体验或竞争对手有何区别？
- 可通过何种全渠道联结来达到这样的愉悦感？
- 怎样才能不仅限于满足预期，还能超越预期？
- 提供的是什么样的预期？
- 哪些普通体验能得到极大提升？

第四部分

结　语

第 18 章

我们该何去何从

20 世纪 90 年代，在电影工业经历从模拟技术向数字技术的巨大转变期间，我曾在华纳兄弟（Warner Bros）公司担任音效编辑。当胶片不再流行，我意识到和我一起拍电影（如《潮汐王子》（*Prince of Tides*）、《彗星撞地球》（*Deep Impact*）、《红色警戒》（*Thin Red Line*）和《银河访客》（*Galaxy Quest*）的一些才华横溢的资深人士却面临着被那些懂得如何更好利用技术的人抢走工作的风险。这着实触目惊心。

幸运的是，我对计算机的使用略知皮毛；同时我也意识到，虽然数字技术确实能简化电影剪辑工作，但它并不能让"做好电影剪辑"这件事变得更轻松。我所知道的最优秀的音频和视频剪辑师，他们终其职业生涯都在学习电影叙事的独特节奏。丰富的剪辑经验使他们成为开发数字编辑技术的绝佳人选。若把剪辑的技艺交给那些更擅长使用电脑的人，则意味着过去几代人专门的剪辑经验和技艺上的细微差别将不复存在。我需要确保这种事情不会发生。我逐渐意识到，模拟剪辑师最喜欢使用一种界面，这个界面模仿了他们一直在使用的触觉工具。无论老手还是新手，这些工具固有的决策模式对任何使用数字工具的人来讲都颇有助益。

这份工作激发了我的热情，后来我离开了电影行业，创办了一家专注于体验设计的机构。我的目标从来都不是设计最美观的按钮或最具颠覆性的应用程序，而是确保人们可以跟上技术进步的脚步。人们创造新技术更容易，使用新技术更得力，这意味着更多的人能够从技术演进中受惠。随着科技的不断进步，各种科技产品开始掌管我们日常生活的关键部分（大到国际基础设施、小到个人日历），这一过程的关键是每个人都有机会参与技术演进和产品创造。

技术发展日新月异，人类与机器之间的差距越来越大。简化设计和部署可以实现对话式人工智能和超自动化的大规模采用，我们可以利用这些强大的新兴技术来提拔那些从中获益最多的人。在我看来，超自动化的最终目标是可以使任何有问题需要解决的人摇身一变成为软件设计师自行解决问题。几十年来，我一直在研究解决这些技术的方法，这本书阐述的方法和生态系统便是我能想到的最佳解决办法。这些方法将超自动化带入人们的日常生活中，使全人类从中受益。

引用一部我没有参与制作的电影《她》（Her），里面很好地处理了对话式人工智能的技术广度和细微差别。影片的主角西奥多（Theodore）和他的人工智能虚拟助手萨曼莎（Samantha）之间的关系，涉及本书中探讨过的多种概念。萨曼莎不是 Siri 和 Alexa 那样的应用程序，而是一个操作系统。萨曼莎是西奥多接触各种不同技术的门户，其本质是将应用变成技能。西奥多在安装这个新的操作系统时，使用的还是台式电脑，但一旦习惯了和萨曼莎交流，他就能随时随地利用科技进行对话。萨曼莎通过西奥多衬衫口袋里的手机摄像头看到了他每日经历的一切。他通过耳机和她说话，当她想给他看什么物品时，就把图像发送到附近的任意设备上。萨曼莎使用的科技拓展了西奥多的视野，赋予了他新的能力。

电影中的人类角色和人工智能角色、人与机器之间的关系，成为心理学新的研究领域和超级智能的理论模型。利用这些信息我可以再写上整整两本书。无论如何，假设每个人都像西奥多一样，能与技术建立关系，那么创造惊人事物的可能性就会急速增加。这就是无论技术如何演进发展人类都不会落后的原因。

我们如何在发展技术的同时能使其易于使用？20年前，我带着这样一个问题开始了体验设计的职业生涯。显然，我们绝不可能放慢技术演进的速度来迁就人类。我向体验设计的同行们发起挑战，让他们也加入进来，创建一个充满活力的社区。在那里，我们可以分享成功和失败，共同提高我们的技艺，于是我们创办了UX杂志。

我创建的对话式人工智能平台则是这一使命的另一个延伸，旨在让任何人都能访问一个开放的系统，通过对话式界面来协调他们的技术生态系统。如此一来，软件创建的过程可以变得民主化。我们中的任何人都可以设计、贡献、执行和演进出比人类更妥当的高级问题解决方案。

借用另一部我未曾参与制作的电影《蜘蛛侠》(*Spider-Man*，2002)中的一句经典台词："能力越强，责任越大。"超自动化有着巨大的力量，要想正确使用它就需要有责任感和远见。我们正处在人类发展史中一个进退维谷的境地，这个僵局的奇怪之处在于，我们需要用聪明才智避免由自己的冲动所造成的破坏。因此，在技术如何推动我们进步这一问题上，人人都有发言权，这一点很重要。但同样重要的是，我们绝不能让错误的力量支配技术的演进。

正如我在本书开篇所指出的那样，如今技术的现状就像是被判处了死刑。这种说法适用于走向未来的企业，也同样适用于人类。全球疫情和不断升级的气候变化清楚地表明，目前人类采取的做法是一条完全不可持续发展的道路。如果我们执拗地要继续走下去，那么地球物种似乎注定要灭绝。技术可以改变我们的现状，或许还能提供一条可持续发展的道路。

还有一点需要考虑的是，在为超自动化构建的生态系统中，我们可以编排各种技术的模块化特性。我认识到，这些生态系统想要蓬勃发展，唯一的途径便是转为开放型。在一个由模块化技术组成的开放生态系统中，每项技术会即时商品化。如果有一个真正开放的系统，其中还有改进的自然语言理解／自然语言处理技术可用，那么供应商是谁对我来说并不重要，因为如果它确实是更好的技术，我就会想要，而且也能够使用它。

假设我的组织在我们的生态系统中使用了大部分赛富时公司的工具，当我们发现了一个其他公司生产的更好的特定功能工具，并将其投入使用，用不了多久赛富时公司就会意识到有更好的技术在争夺他们的市场份额。这样一来，赛富时就能有动力改进该功能并赢回客户。按照如今常见的商业惯例，他们甚至可能想要收购能制造更好工具的公司。但是，如果该工具是由本书前文描述的分散型自治组织里的人创建的呢？去中心化自治组织本质上是一群人在一起工作，他们协商一致，在共享资源池中的项目上工作，收取自己设定的费率，整个资源池安全地嵌套在区块链中。自治性是这些组织最核心的意义，他们有何必要再加入受限的商业模式？在这种模式中，他们的辛勤工作只会给高层创收，而不是惠及自己的团队。

这就让传统组织陷入了一个矛盾的局面，它们作为实体存在的意义受到了质疑。我在前文描述的一个场景中，通过对话式界面访问的模块化照片编辑软件将使 Photoshop 的图形用户界面变得毫无意义。如果我使用自己的设备帮助裁剪照片，那我的目的就只是快速访问最好的裁剪工具，而不会在乎它是否是 Photoshop 工具套件的一部分。一个编排模块化技术的开放生态系统并没有真正使用授权技术包。为了不断演进和发展，开放的生态系统将更重视其灵活性。进一步说，在一个由超自动化驱动的世界里，为什么奥多比公司或赛富时公司会想要从事创建技术，将它们放在封闭系统中使用这一业务呢？换句话说，这个问题就是：集中式组织存在的必要性在哪里？如此一来，当传统的组织结构跟不上时代发展，那么以牺牲其底层数十万人的利益为代价、以便少数高层人士获得大量不成比例的财富这种疯狂至极的行为就赤裸裸地摆在了我们眼前。

你可能会说："停手不就好了。"如果这就是我们的未来，那你为什么要为了超自动化的艰巨任务而被迫颠覆整个公司呢？当然，让一个组织不断提高其自动化的能力，这听起来很诱人，但为什么非要有一个组织呢？我对这个问题的回答是，我们是在现有的组织中开启了迈向超自动化的旅程。我们应尽最大努力使在组织内工作的人以及使用我们服务的人受益。我们需要的是一个由各种功能强大、有益于人类的开放系统运行超自动化的世界。我们如今在现有组织中所做的一切，很可能会导致组织失去存在的意义。但我们最终的目的是建立一个结构，在其中技术能以平等的方式造福全人类。

人类正处在历史上一个令人担忧的时刻。很明显，我们需要强大的、能够解决问题的工具来帮助我们利用智能技术排忧解难。这一切不是为了造福企业，而是为了全人类的利益。最简单来说，我们可以使用技术来创造让人们感觉良好的体验。我们可以打造一种经济体系，其中每个人的价值取决于我们给别人带来的感觉有多好。将这些活动简化比作化合物似乎有点愤世嫉俗，但基于多巴胺的经济与在区块链上为社交互动打分的想法不谋而合。如果我们每天打交道的经济是着力于让人们产生幸福的体验，那么人们生活的压力可能会小得多。

目前的情况可能尚并不明朗，但实际上，我们正处在人类历史上一个至关重要的时刻。情势危如累卵，但拯救处境所需的一切也掌握在我们自己手中。引用笔者曾参与拍摄的几部电影的台词，"生活还会继续，我们终将胜利。"（《彗星撞地球》，1998），"永不放弃！决不投降！"（《银河追缉令》，1999）。

我的团队在为设计人工智能解决方案方面做出了贡献，这些解决方案有助于人们成功戒烟并在遏制性交易方面起了一定作用。我曾亲见技术在改变个人行为和破坏犯罪行为方面的强大效力。当今世界陷入工业化的巨大困境，超自动化极有可能是摆脱此困境的最佳机会。然而，要做到这一点，实施计划的方式就要兼容并包，使我们所有人都能参与其中。

希望此书能让你敞开心怀，接纳超自动化带来的可能性和挑战性。我花了 20 年的时间来阐述自己的愿景，即我们如何让这些强大的技术为人类服务；但不同于人类筹谋所需的漫长时间，超自动化在瞬息之间就能重塑我们的世界。只要我们齐心合力就能在这些翻天覆地的变化带领下走向更光明的未来。

致　谢

几十年来，我梳理了大量构思、体验，收集了丰富的故事作为本书素材。这部作品最终付梓，离不开本项目主创、策划编辑伊莱亚斯·帕克（Elias Parker）的努力。衷心感谢你为此付出的一切。感谢乔什·泰森（Josh Tyson）在本书文字编排过程中的大力支持。对于乔丹·拉特纳（Jordan Ratner）、艾莉森·哈什伯格（Alison Harshberger）、玛丽亚·普拉托诺娃（Mariia Platonova）、杰夫·斯蒂恩（Jeff Steen）、索菲娅·米特罗维奇（Sofija Mitrovic），以及约翰威立国际出版公司的精英团队、The Editrice 网站和克丝汀·雅内内-尼尔森（Kirsten Janene-Nelson）的出色工作，在此深表谢意。本书精美的视觉设计和封面设计分别来自梅洛迪·奥索拉（Melody Ossola）和 bynorth.no。感谢你们！在探索对话式人工智能的征途上，我有幸结识了许多杰出的人物，遇到过天赐良机，也历经重重艰难险阻。《超 AI 时代》并非个人的独立创作成果，而是众人智慧和多种因素汇聚的结晶。

我在此对我的业务伙伴黛西（Daisy）和里奇·韦博格（Rich Weborg），以及凯文·弗雷德里克（Kevin Fredrick）致以特别谢意。由衷感谢以下各位的贡献和支持：他们是迈克尔·贝夫兹（Michael Bevz）、兰斯·克里斯特曼（Lance Christmann）、乔纳森·安德森（Jonathan Anderson）、彼得罗·塔拉申科（Petro Tarasenko）、海伦（Helen）和安东尼·佩克洛（Antony Peklo）、纳塔利亚（Natalia）和安德烈·尼基田科（Andrey

Nikitenko），以及 OneReach.ai 公司的全体人员（该公司多年致力于构建全球领先的对话式人工智能平台）。非常感谢众多的客户和合作伙伴，在高德纳等公司建立之前便对我们的理论方法给予充分认可。其中，请允许我向 IBM 沃森（Watson）人工智能系统前任杰出工程师兼首席技术官谢利·康姆斯（Sherry Comes）表达特别的感谢。谢谢曾一同在 Effective UI 共事的伙伴们，以及多年来围绕 UX 杂志建立起来的作者及读者社群。

我永远感谢出现在我生命中那些优秀而坚强的女性——我可爱的女儿西德（Sid）、可儿（Cole）、凯蒂（Katie）、梅丽（Melly）和奎因（Quinn）。阿拉斯加骨科医疗团队，你们太棒了。妈妈，谢谢你所做的一切。萨沙（Sasha），感谢你一路以来的支持和陪伴。我爱你。霍利（Holly）、伯特（Burt）、厄尼（Ernie），我亲爱的兄弟姐妹，谢谢你们。最后，感谢马歇尔·麦克卢汉（Marshall McLuhan），是你多年前启迪我的思想，引领我不断拓展自己的世界观。对此我深怀感恩之心。